T0208516

essentials

essentials liefern aktuelles Wissen in konzentrierter Form. Die Essenz dessen, worauf es als „State-of-the-Art" in der gegenwärtigen Fachdiskussion oder in der Praxis ankommt. *essentials* informieren schnell, unkompliziert und verständlich

- als Einführung in ein aktuelles Thema aus Ihrem Fachgebiet
- als Einstieg in ein für Sie noch unbekanntes Themenfeld
- als Einblick, um zum Thema mitreden zu können

Die Bücher in elektronischer und gedruckter Form bringen das Expertenwissen von Springer-Fachautoren kompakt zur Darstellung. Sie sind besonders für die Nutzung als eBook auf Tablet-PCs, eBook-Readern und Smartphones geeignet. *essentials:* Wissensbausteine aus den Wirtschafts, Sozial- und Geisteswissenschaften, aus Technik und Naturwissenschaften sowie aus Medizin, Psychologie und Gesundheitsberufen. Von renommierten Autoren aller Springer-Verlagsmarken.

Weitere Bände in der Reihe http://www.springer.com/series/13088

Jörg Lange · Tatjana Lange

Fourier-Transformation zur Signal- und Systembeschreibung

Kompakt, visuell, intuitiv verständlich

 Springer Vieweg

Jörg Lange
Schwielowsee, Deutschland

Tatjana Lange
Schwielowsee, Deutschland

ISSN 2197-6708   ISSN 2197-6716   (electronic)
essentials
ISBN 978-3-658-24849-9   ISBN 978-3-658-24850-5   (eBook)
https://doi.org/10.1007/978-3-658-24850-5

Die Deutsche Nationalbibliothek verzeichnet diese Publikation in der Deutschen Nationalbibliografie; detaillierte bibliografische Daten sind im Internet über http://dnb.d-nb.de abrufbar.

Springer Vieweg

Springer Vieweg ist ein Imprint der eingetragenen Gesellschaft Springer Fachmedien Wiesbaden GmbH und ist ein Teil von Springer Nature
Die Anschrift der Gesellschaft ist: Abraham-Lincoln-Str. 46, 65189 Wiesbaden, Germany

Was Sie in diesem *essential* finden können

- Eine bildgestützte Erläuterung der Kosinus- und Sinusfunktionen als Funktionen der Zeit
- Beispiele für die Anwendung der zeitabhängigen Kosinus- und Sinusfunktionen als Bausteine zur Konstruktion anderer periodischer Funktionen
- eine anschauliche und beispielgestützte Erläuterung der Fourier-Reihe und eine kurze Herleitung der Formeln zur Berechnung der Fourier-Koeffizienten
- eine hauptsächlich visuelle Darstellung des Übergangs von der Fourier-Reihe für periodische Funktionen zum Fourier-Integral für aperiodische Funktionen
- Abbildungen und Formeln für die Fourier-Transformation von Standard-Signalen (aperiodischen Funktionen bzw. Impulsen)
- die wichtigsten Eigenschaften der Fourier-Transformation und eine nützliche Näherungsbeziehung zur Bestimmung der Spektralfunktion einfacher glocken-ähnlicher Signale
- die Anwendung der Fourier-Transformation als Werkzeug zur mathematischen Modellierung des Zusammenwirkens von Signalen und Systemen
- eine Kurzbetrachtung zur Anwendung der Fourier-Transformation auf stochastische Signale
- eine weitgehend visuelle und intuitive und damit unorthodoxe Herleitung der Übertragungsfunktion für optimale Empfangsfilter (Wiener Filter)

Vorwort

Als Studenten hatten wir die Fourier-Transformation eigentlich nicht so richtig verstanden. Wir konnten zwar ganz gut mit den Formeln umgehen, aber so richtig verinnerlicht hatten wir den Sinn des Ganzen nicht. Das lag vermutlich daran, dass wir, die wir in Zeit und Raum leben, uns einen „Frequenz- bzw. Bildbereich", in den uns die Fourier-Transformation führt, einfach nicht vorstellen konnten und folglich auch nicht in dieser Kategorie denken und „fühlen" konnten.

Die wunderbare und oft sehr hilfreiche Welt der Fourier-Transformation haben wir erst als junge Assistenten erkannt, als wir nun selbst versuchten, diese den Studenten beizubringen, die uns dann abends in der Bierstube wissen ließen, dass für sie diese Fourier-Transformation ein einziger Horror ist.

Schon damals entstanden Ideen, wie man die Fourier-Transformation und ihre technischen Anwendungen, insbesondere in der Signal- und Systemtheorie und in der Regelungstechnik, anschaulich vermitteln kann. Diese Ansätze wurden in der Zwischenzeit unter Nutzung der heutigen Gestaltungsmöglichkeiten weiterentwickelt und sind nun in dem vorliegenden Büchlein komprimiert zusammengefasst.

Sie sollen insbesondere MINT-Studenten und natürlich auch im Beruf stehenden Absolventen helfen, die Materie besser zu verstehen und insbesondere auch gefühlsmäßig zu erfassen.

Wir erachten das als besonders wichtig, da ja alle modernen digitalen Techniken, sei es nun die digitale Ton- und Bildaufzeichnung und Speicherung, der digitale Rundfunk und das digitale Fernsehen, der digitale Mobilfunk, die digitale Signalübertragung, ohne die es kein Internet gäbe (!), die modernen Regelungstechniken, ohne die heute kein Auto mehr fährt und kein Flugzeug fliegt, weitgehend auf den Erkenntnissen der Fourier-Transformation basieren.

Für die kritische Durchsicht des Textes sind wir unserem Kollegen Karl Mosler zu aufrichtigen Dank verpflichtet.

Unser Dank gilt natürlich auch dem Springer Verlag, der das Erscheinen dieses Büchleins möglich gemacht hat, und ganz besonders Frau Iris Ruhmann und Frau Dr. Angelika Schulz für die fruchtbare und jederzeit hilfreiche und kooperative Zusammenarbeit und Unterstützung.

Schwielowsee, Deutschland   Tatjana Lange
Im Oktober 2018   Jörg Lange

Inhaltsverzeichnis

Einleitung

Ist die Fourier-Transformation, die um 1822 von ihrem Namensgeber, Jean Baptiste Joseph Fourier (1768–1830) entwickelt wurde, nur eine schöne mathematische Spielerei oder hat sie auch irgendeine praktische Bedeutung?

Diese Frage muss mit einem eindeutigen und energischen „**Ja**" beantwortet werden.

Die Fourier-Transformation ist in allen modernen Techniken, die etwas mit Signalübertragung und -verarbeitung zu tun haben, „versteckt", wie z. B. im Mobilfunk, im Internet, in den digitalen Reglern in Fahrzeugen, Haushaltsgeräten, medizinischen Geräten und in der Raumfahrt.

Natürlich „führen viele Wege nach Rom" und es wäre vermessen zu behaupten, dass all die aufgezeigten Techniken ohne die Fourier-Transformation nicht erfunden worden wären. Für einige von Ihnen gilt lediglich, dass sie mittels der Fourier-Transformation besonders anschaulich erklärt werden können, wie wir am Beispiel der Modulation in Kap. 6 zeigen werden.

Bei anderen Techniken, wie dem Orthogonalen Frequenzmultiplexverfahren (OFDM), das für den Signalempfang bei LTE im Mobilfunk eingesetzt wird, wurde eine Modifikation der Fourier-Transformation, die sogenannte Fast Fourier Transformation, direkt implementiert. LTE und damit das schnelle mobile Internet sind ohne Fourier-Transformation einfach nicht denkbar.

Die Digitalisierung von Sprache und Musik und damit MP3 und MP4 nutzen direkt die Erkenntnisse der Fourier-Transformation.

Das gilt nicht zuletzt auch für das Internet, das eben nicht, wie unlängst ein flüchtiger Bekannter inbrünstig behauptete, ohne Elektrizität auskommt, sondern auf die Dienste „sehr physikalischer" leitungsgebundener oder funkbasierter Über-tragungsnetze angewiesen ist, die wiederum die Fourier-Transformation nutzen.

Es lohnt also, sich etwas mit dieser Materie zu beschäftigen.

© Springer Fachmedien Wiesbaden GmbH, ein Teil von Springer Nature 2019
J. Lange und T. Lange, *Fourier-Transformation zur Signal- und Systembeschreibung,* essentials, https://doi.org/10.1007/978-3-658-24850-5_1

Vom Sinus, Kosinus und anderen periodischen Funktionen

2

Bevor wir unsere Betrachtungen zur Fourier-Transformation beginnen, müssen wir uns etwas mit den Kosinus-und Sinusfunktionen beschäftigen.

Wir kennen den Sinus und den Kosinus zunächst aus den Winkelbeziehungen im rechtwinkligen Dreieck (Abb. 2.1) als

$$\sin(\alpha) = \frac{\text{Gegenkathete}}{\text{Hypotenuse}} = \frac{b}{c}$$

$$\cos(\alpha) = \frac{\text{Ankathete}}{\text{Hypotenuse}} = \frac{a}{c}$$

Wenn wir das Dreieck mit einer Hypotenuse $c = 1$ jedoch im Einheitskreis darstellen (Abb. 2.2) und diese Hypotenuse gleichmäßig mit einer Geschwindigkeit $f_0 = $ const. um den Mittelpunkt des Einheitskreises drehen, dann beschreibt die Länge der sich dabei ändernden Kathete b den Sinus als eine Funktion der Zeit t:

$$b = 1 \cdot \sin(\alpha(t)) = \sin(2\pi \cdot f_0 \cdot t),$$

wobei hier der Winkel $\alpha = \alpha(t) = 2\pi \cdot f_0 \cdot t$ im Bogenmaß (rad) angegeben wird; $2\pi \overset{\wedge}{=} 360°, \alpha[\text{rad}] = (\alpha[°] \cdot 2\pi)/360°$.

Wenn wir uns nun (mathematisch abstrahierend) vorstellen, dass sich die Hypotenuse schon unendlich lang, sozusagen „seit dem Urknall" dreht und auch weiterhin drehen wird, so bekommen wir eine periodische Funktion (Abb. 2.3). Die Periodenlänge t_p entspricht dabei einer vollständigen Drehung um 360° bzw. 2π. Dabei gilt $t_p = 1/f_0$.

Das Koordinatensystem in Abb. 2.3 positionieren wir der Einfachheit halber so, dass der Zeitpunkt $t = 0$ unseren Betrachtungszeitpunkt bezeichnet, also das „Jetzt". Negative Zeitwerte stehen für die Vergangenheit, positive für die Zukunft.

© Springer Fachmedien Wiesbaden GmbH, ein Teil von Springer Nature 2019
J. Lange und T. Lange, *Fourier-Transformation zur Signal- und
Systembeschreibung,* essentials, https://doi.org/10.1007/978-3-658-24850-5_2

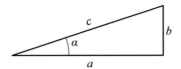

Abb. 2.1　Winkelbeziehungen

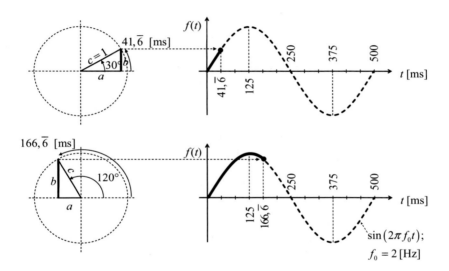

Abb. 2.2　Sinus als Funktion der Zeit

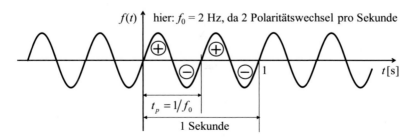

Abb. 2.3　Periodische Sinusfunktion

Betrachten wir die Drehgeschwindigkeit f_0 etwas genauer. Sie gibt die Anzahl der Drehungen der Hypotenuse pro Sekunde an, wobei **eine** vollständige Drehung 360° bzw. im Bogenmaß 2π entspricht.

Damit wäre [1/s] die Maßeinheit von f_0.

Andererseits ist f_0 identisch mit der *Frequenz,* d. h. der Anzahl der Polaritätswechsel oder der Zyklen einer **periodischen** Sinusfunktion pro Sekunde (vgl. Abb. 2.3). Sie wird deshalb in [Hz] = [Hertz] gemessen (wobei 1 Hz = 1/s).

Oftmals wird in der Literatur anstelle der Frequenz f_0 auch die sogenannte *Kreisfrequenz* $\omega_0 = 2\pi \cdot f_0$ verwendet. Da der Faktor 2π dimensionslos ist, haben beide Größen eigentlich die gleiche Maßeinheit, und zwar [1/s].

Um Verwechselungen zu vermeiden, nutzt man für f_0 üblicherweise die Maßeinheit [Hz] und für die Kreisfrequenz ω_0 die Maßeinheit [1/s].

Die bisherigen Aussagen gelten in gleicher Weise auch für die Kosinusfunktion, denn die Kosinusfunktion ist nichts anderes als eine um $t_p/4$ nach links verschobene Sinusfunktion (Abb. 2.4). Sinusfunktionen und alle verschobenen Sinusfunktionen beschreiben harmonische Schwingungen. Wir werden sie deshalb im Folgenden auch **harmonische Funktionen** nennen.

Im Weiteren werden wir hauptsächlich mit der Kosinusfunktion arbeiten, denn diese bietet als **gerade** Funktion gewisse Vorteile bei vielen Betrachtungen, wie später deutlich werden wird.

In diesem Zusammenhang sei daran erinnert, dass gerade Funktionen (z. B. die Kosinus-Fkt.) achsensymmetrisch zur Ordinate und ungerade Funktionen (z. B. die Sinus-Fkt.) punktsymmetrisch zum Koordinatenursprung sind.

Es gilt

- für gerade Funktionen $f_g(t) = f_g(-t)$
- für ungerade Funktionen $f_u(t) = -f_u(-t)$

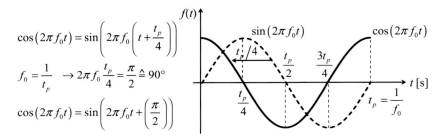

Abb. 2.4 Kosinusfunktion als verschobene Sinusfunktion

Zwischenbemerkung
Jede beliebige Funktion kann in ihre gerade und ungerade Komponente zerlegt werden:

$$f(t) = f_g(t) + f_u(t)$$

Dabei können diese beiden Komponenten wie folgt bestimmt werden:

$$f_g(t) = (f(t) + f(-t))/2; \quad f_u(t) = (f(t) - f(-t))/2$$

Nun wollen wir etwas mit den Kosinusfunktionen „spielen".

Dazu addieren wir, wie im linken Teil von Abb. 2.5 dargestellt, eine Konstante (Gleichkomponente) und sechs Kosinusfunktionen, deren Frequenzen Vielfache der Frequenz f_0 der ersten Kosinusfunktion sind:

$$u_p(t) = 0{,}2 + 0{,}353\cos(2\pi \cdot f_0 t) + 0{,}242\cos(2\pi \cdot 2f_0 t) + 0{,}129\cos(2\pi \cdot 3f_0 t)$$
$$+0{,}054\cos(2\pi \cdot 4f_0 t) + 0{,}017\cos(2\pi \cdot 5f_0 t) + 0{,}004\cos(2\pi \cdot 6f_0 t).$$

Die resultierende Funktion $u_p(t)$ ist wieder eine periodische, aber keine harmonische Funktion, die aus glockenförmigen Impulsen besteht. Dabei ist die Periode dieser neuen periodischen Funktion $u_p(t)$ gleich der Periode $t_p = 5$[ms] der ersten Kosinusfunktion, die man auch **Grundwelle** nennt.

Nun führen wir dieses Experiment noch einmal durch, jedoch diesmal mit anderen Werten für die Gleichkomponente A_0 und die Amplituden A_k der sechs Kosinusfunktionen, wie im rechten Teil der Abb. 2.5 gezeigt.

Im Ergebnis erhalten wir wieder eine periodische Funktion von Impulsen, die uns etwas an Rechteckimpulse erinnern.

Wir können die in Abb. 2.5 rechts gezeigte Approximation verbessern, indem wir weitere 24 Kosinusfunktionen hinzufügen. Damit können wir eine periodische Rechteckfolge schon ziemlich gut nachbilden (siehe Abb. 2.6).

Das legt die Vermutung nahe, dass man durch die Addition von hinreichend vielen (unendlich vielen) Kosinusfunktionen nahezu beliebige nichtharmonische periodische Funktionen erzeugen kann.

Dass das wirklich zutrifft, hat bereits Anfang des 19. Jahrhunderts (!) der französische Gelehrte Jean Baptiste Fourier (1768–1830) nachgewiesen.

Nachfolgend wollen wir nun den darauf basierenden mathematischen Apparat – bekannt als **Fourier-Reihe** und **Fourier-Integral,** und einige seiner praktischen Anwendungen vorstellen.

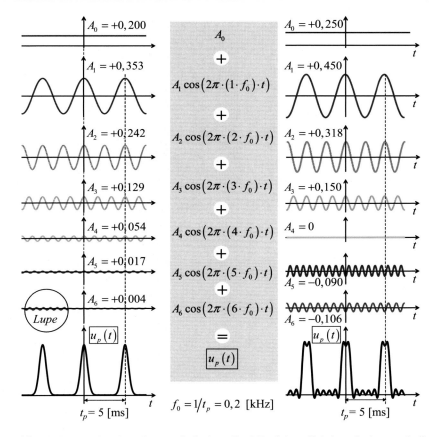

Abb. 2.5 Approximation einer periodischen Gauß-Funktion (links) und einer periodischen, grob näherungsweise rechteckförmigen, Funktion (rechts) durch Summierung von jeweils 6 Kosinusfunktionen

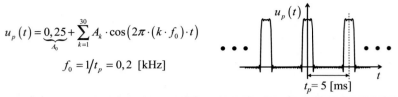

$$u_p(t) = \underbrace{0,25}_{A_0} + \sum_{k=1}^{30} A_k \cdot \cos\left(2\pi \cdot (k \cdot f_0) \cdot t\right)$$

$$f_0 = 1/t_p = 0,2 \ [\text{kHz}]$$

k	1	2	3	4	5	6	7	8	9	10
A_k	0,450	0,318	0,150	0,000	-0,090	-0,106	-0,064	0,000	0,050	0,064
k	11	12	13	14	15	16	17	18	19	20
A_k	0,041	0,000	-0,035	-0,045	-0,030	0,000	0,026	0,035	0,024	0,000
k	21	22	23	24	25	26	27	28	29	30
A_k	-0,021	-0,029	-0,020	0,000	0,018	0,024	0,017	0,000	-0,016	-0,021

Abb. 2.6 Approximation einer periodischen Rechteckfolge durch die Summe von 30 Kosinusfunktionen

Fourier-Reihe

3

Fourier hat gezeigt, dass man nichtharmonische periodische Funktionen[1] (Abb. 3.1) in unendliche Summen von Kosinusfunktionen unterschiedlicher Amplitude A_k, Phasenverschiebung φ_k und Frequenz (kf_0) zerlegen kann:

$$u_p(t) = A_0 + \sum_{k=1}^{+\infty} A_k \cos\left(2\pi k f_0 t + \varphi_k\right)$$

Diese Schreibweise der **Fourier-Reihe** verwendet nur Kosinusfunktionen, die messtechnisch, z. B. mit Hilfe eines Oszilloskop (Abb. 3.1, rechts), sichtbar gemacht werden können. Wir sprechen deshalb auch von einer „physikalischen" Schreibweise der Fourier-Reihe.

Eine zweite Schreibweise verwendet achsensymmetrische Kosinusfunktionen und punktsymmetrische Sinus-Funktionen:

$$u_p(t) = \frac{a_0}{2} + \sum_{k=1}^{+\infty} \left[a_k \cos\left(2\pi k f_0 t\right) + b_k \sin\left(2\pi k f_0 t\right)\right]$$

Dabei reflektieren die Kosinus-Komponenten den in jeder Funktion im Allgemeinen enthaltenen geraden Anteil und die Sinus-Komponenten den ungeraden Anteil (vgl. Zwischenbemerkung in Kap. 2).

---

[1]Streng mathematisch müssen die periodischen Funktionen absolut integrierbar sein. Des Weiteren dürfen sie keine Unstetigkeiten 2. Art besitzen und die Anzahl der Unstetigkeiten 1. Art und der Extremwerte innerhalb einer Periode muss endlich sein.

© Springer Fachmedien Wiesbaden GmbH, ein Teil von Springer Nature 2019
J. Lange und T. Lange, *Fourier-Transformation zur Signal- und Systembeschreibung,* essentials, https://doi.org/10.1007/978-3-658-24850-5_3

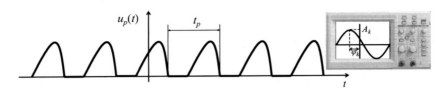

Abb. 3.1 Periodische, nichtharmonische und weder gerade noch ungerade Funktion (gemischte Funktion)

Der Zusammenhang zwischen beiden Schreibweisen lässt sich mithilfe folgender Winkelfunktion und Substitutionen herstellen:

$$A_k \cos\left(2\pi k f_0 t + \varphi_k\right) = A_k \cos\left(2\pi k f_0 t\right) \cdot \cos\left(\varphi_k\right) - A_k \sin\left(2\pi k f_0 t\right) \cdot \sin\left(\varphi_k\right)$$

$$A_0 = a_0 \big/ 2 \quad \text{und} \quad A_k \cos\left(\varphi_k\right) = a_k \quad \text{bzw.} \quad -A_k \sin\left(\varphi_k\right) = b_k, \quad k > 0,$$

$$u_p(t) = \underbrace{A_0}_{a_0/2} + \sum_{k=1}^{+\infty}\left[\underbrace{A_k \cos\left(\varphi_k\right)}_{a_k}\cos\left(2\pi k f_0 t\right)\underbrace{-A_k \sin\left(\varphi_k\right)}_{b_k}\sin\left(2\pi k f_0 t\right)\right]$$

Für die Koeffizienten der „physikalischen" Schreibweise gilt:

$$A_0 = a_0 \big/ 2; \quad A_k = \sqrt{a_k^2 + b_k^2}, \quad \varphi_k = -\arctan\left(b_k \big/ a_k\right), \quad \text{für} \quad k > 0$$

Im Falle **gerader Funktionen,** und nur diese werden wir in unseren Beispielen der Einfachheit halber betrachten, sind $\varphi_k = 0$ bzw. $b_k = 0$ und $A_k = a_k$, $k = 1, 2, 3, \ldots$.

Wir werden im Weiteren jedoch eine dritte Schreibweise bevorzugen, **die komplexe[2] Fourier-Koeffizienten** verwenden (während die bisher betrachteten Koeffizienten A_k bzw. a_k und b_k reelle Zahlen darstellen).

Dazu müssen wir an die auf einer Reihenentwicklung basierende Euler'sche Formel, die „schönste Formel der Welt" bzw. „Perle der Mathematik" erinnern:

$$e^{jx} = \cos\left(x\right) + j\sin\left(x\right); \quad j = \sqrt{-1}$$

---

[2]Wir verwenden hier zur Kennzeichnung der imaginären Einheit komplexer Zahlen die in der Elektrotechnik übliche Notation $j = \sqrt{-1}$ (anstatt $i = \sqrt{-1}$).

Auf dieser Formel basiert die Darstellung komplexer Zahlen in der komplexen Zahleneben. Aus der o. g. Formel lassen sich durch einfache Umformungen die zwei Schreibweisen ableiten lassen, die wir im Weiteren benötigen:

$$e^{jx} + e^{-jx} = \left[\cos(x) + j\sin(x)\right] + \left[\cos(-x) + j\sin(-x)\right] = 2\cos(x)$$

$$e^{jx} - e^{-jx} = \left[\cos(x) + j\sin(x)\right] - \left[\underbrace{\cos(-x)}_{=\cos(x)} - j\underbrace{\sin(-x)}_{=-\sin(x)}\right] = 2j\sin(x)$$

bzw. mit der Substitution $x = 2\pi k f_0 t$

$$\cos(2\pi k f_0 t) = \frac{e^{j2\pi k f_0 t} + e^{-j2\pi k f_0 t}}{2} \quad \text{und} \quad \sin(2\pi k f_0 t) = \frac{e^{j2\pi k f_0 t} - e^{-j2\pi k f_0 t}}{2j}$$

Abb. 3.2 zeigt die geometrische Interpretation der Euler'schen Formel für den Kosinus. Dazu stellen wir in der komplexen Zahlenebene zwei Drehzeiger $e^{j2\pi k f_0 t}$ und $e^{-j2\pi k f_0 t}$ dar, die sich mit gleicher Geschwindigkeit in unterschiedliche Richtungen um der Koordinatenursprung drehen. Wir interpretieren diese zwei Drehzeiger als Vektoren und bilden die Vektorsumme $\left(e^{+j2\pi k f_0 t} + e^{-j2\pi k f_0 t}\right)$.

Der so gebildete Summenvektor liegt immer auf der reellen Achse. Bei gleichförmiger (konstanter) Drehgeschwindigkeit f_0 beschreibt dieser Vektor die Funktion $2\cos(2\pi k f_0 t)$, d. h. $e^{j2\pi k f_0 t} + e^{-j2\pi k f_0 t} = 2\cos(2\pi k f_0 t)$.

Nun setzen wir die Euler'sche Formel für den Kosinus in unseren ersten Ausdruck für die Fourier-Reihe ein:

$$u_p(t) = A_0 + \sum_{k=1}^{+\infty} A_k \cos(2\pi k f_0 t + \varphi_k) = A_0 + \sum_{k=1}^{+\infty} A_k \frac{e^{+j(2\pi k f_0 t + \varphi_k)} + e^{-j(2\pi k f_0 t + \varphi_k)}}{2}$$

$$= A_0 + \sum_{k=1}^{+\infty} \left[\frac{A_k e^{j\varphi_k}}{2} e^{j2\pi k f_0 t} + \frac{A_k e^{-j\varphi_k}}{2} e^{-j2\pi k f_0 t}\right]$$

Zwecks besseren Verständnisses verlassen wir kurzzeitig die Notation der Fourier-Reihe mit dem Summenzeichen und verwenden die Notation mit Auslassungszeichen:

$$u_p(t) = A_0 + \sum_{k=1}^{+\infty} \left[\frac{A_k \cdot e^{j\varphi_k}}{2} e^{j2\pi kf_0 t} + \frac{A_k \cdot e^{-j\varphi_k}}{2} e^{-j2\pi kf_0 t} \right]$$

$$= \underbrace{A_0}_{C_0} + \underbrace{\frac{A_1 e^{j\varphi_1}}{2}}_{C_1} e^{j2\pi 1 f_0 t} + \underbrace{\frac{A_1 e^{-j\varphi_1}}{2}}_{C_{-1}} e^{-j2\pi 1 f_0 t} + \underbrace{\frac{A_2 e^{j\varphi_2}}{2}}_{C_2} e^{j2\pi 2 f_0 t}$$

$$+ \underbrace{\frac{A_2 e^{-j\varphi_2}}{2}}_{C_{-2}} e^{-j2\pi 2 f_0 t} + \dots + \underbrace{\frac{A_k \cdot e^{j\varphi k}}{2}}_{C_k} e^{j2\pi kf_0 t} + \underbrace{\frac{A_k \cdot e^{-j\varphi k}}{2}}_{C_{-k}} e^{-j2\pi kf_0 t} + \dots,$$

Beispiel 1: $f_0 = 0,2$ [kHz]   *Beispiel* 2:

$t_1 = 0,615$ [ms], $\alpha_1 = \dfrac{\pi}{4}$ *bzw.* 45° $t_2 = 1,875$ [ms], $\alpha_2 = \dfrac{3 \cdot \pi}{4}$ *bzw.* 135°

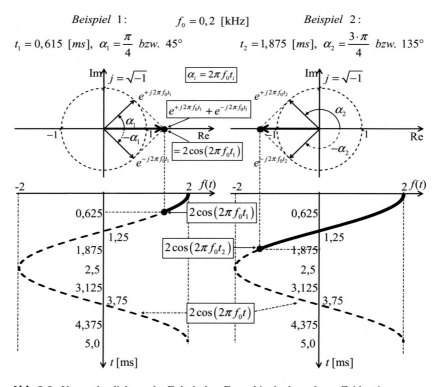

Abb. 3.2 Veranschaulichung der Euler'schen Formel in der komplexen Zahlenebene

Des Weiteren nehmen wir folgende Substitutionen vor:

$$A_0 = C_0; \quad \frac{A_k e^{j\varphi_k}}{2} = C_k = |C_k| e^{j\varphi_k}, \quad \frac{A_k e^{-j\varphi_k}}{2} = C_{-k} = |C_k| e^{-j\varphi_k}, \quad |C_k| = \frac{A_k}{2}; \quad k \neq 0$$

Damit erhalten wir:

$$u_p(t) = C_0 + C_1 e^{j2\pi 1 f_0 t} + C_{-1} e^{-j2\pi 1 f_0 t} + C_2 e^{j2\pi 2 f_0 t} + C_{-2} e^{-j2\pi 2 f_0 t}$$
$$+ \ldots + C_k e^{j2\pi k f_0 t} + C_{-k} e^{-j2\pi k f_0 t} + \ldots$$

Wenn wir jetzt noch etwas die Reihenfolge der Summanden verändern und berücksichtigen, dass $e^{-j2\pi k f_0 t} = e^{+j2\pi(-k)f_0 t}$, so bekommen wir eine unendliche Reihe mit einem Laufindex $-\infty \leq k \leq +\infty$:

$$u_p(t) = \ldots + C_{-k} e^{j2\pi(-k)f_0 t} + \ldots + C_{-2} e^{j2\pi(-2)f_0 t} + C_{-1} e^{j2\pi(-1)f_0 t} + C_0$$
$$+ C_1 e^{j2\pi 1 f_0 t} + C_2 e^{j2\pi 2 f_0 t} + \ldots + C_k e^{j2\pi k f_0 t} + C_k e^{j2\pi(k+1)f_0 t} + \ldots$$

bzw.

$$u_p(t) = \sum_{k=-\infty}^{+\infty} C_k e^{j2\pi k f_0 t}$$

Die Koeffizienten

$$C_0 = A_0; \quad C_k = |C_k| e^{j\varphi_k} = \frac{A_k}{2} e^{j\varphi_k}, \quad C_{-k} = |C_k| e^{-j\varphi_k} = \frac{A_k}{2} e^{-j\varphi_k}, \quad |C_k| = \frac{A_k}{2}, \quad k \neq 0$$

nennt man **komplexe Fourier-Koeffizienten.**

Für **gerade periodische Zeitfunktionen** $u_p(t) = u_p(-t)$ sind alle $\varphi_k = 0$ und somit alle Fourier-Koeffizienten **reell** und es gilt:

$$\left. \begin{array}{l} C_0 = A_0; \\ C_k = C_{-k} = \frac{A_k}{2}; \quad k \neq 0 \end{array} \right\} \text{wenn} \quad u_p(t) = u_p(-t), \text{ d. h. gerade}$$

Die Fourier-Koeffizienten stellt man grafisch als **Linienspektrum** dar. Das ist im Falle reeller Fourier-Koeffizienten recht einfach, wie in nachfolgendem Beispiel illustriert. So zeigt Abb. 3.3 das Linienspektrum der geraden periodischen (nahezu rechteckförmigen) Funktion, die wir in Kap. 2 (Abb. 2.6) durch die Addition von Kosinusfunktionen gebildet hatten, wobei in Abb. 3.3 auf beiden Seiten nur die ersten 15 Spektrallinien erfasst sind.

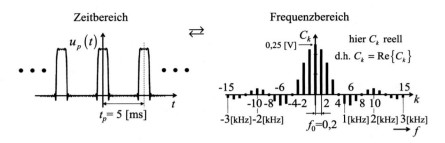

Abb. 3.3 Periodische Folge von näherungsweise rechteckförmigen Impulsen und dazugehöriges Linienspektrum

(Eine Möglichkeit der grafischen Darstellung komplexer Koeffizienten bzw. Funktionen zeigen wir in Kap. 7 im Zusammenhang mit der Darstellung komplexer Übertragungsfunktionen.)

Das Zeichen ⇌ symbolisiert hier die Operation der Fourier-Transformation.

Jetzt stellt sich die Frage, wie die Werte der komplexen Fourier-Koeffizienten aus einer gegebenen periodischen Funktion $u_p(t)$ ermittelt werden können?

Diese Frage wird durch folgende Herleitung beantwortet, die Sie jedoch überspringen können, wenn Sie dem Ergebnis vertrauen.

Herleitung

Zur Herleitung der Berechnungsformel für die Koeffizienten C_k schreiben wir die Fourier-Reihe zunächst erneut in der Langform mit Auslassungszeichen:

$$u_p(t) = \sum_{k=-\infty}^{\infty} C_k \cdot e^{j2\pi k f_0 t} = \ldots + C_{-k} e^{-j2\pi k f_0 t} + \ldots + C_{-1} e^{-j2\pi 1 f_0 t} + C_0$$

$$+ C_1 e^{j2\pi 1 f_0 t} + \ldots + C_k e^{j2\pi k f_0 t} + C_k e^{j2\pi (k+1) f_0 t} + \ldots$$

Danach multiplizieren wir beide Seiten mit $e^{-j2\pi k f_0 t}$, wodurch wir erreichen, dass der Koeffizient C_k auf der rechten Seite allein ohne einen Multiplikator steht:

$$u_p(t) \cdot e^{-j2\pi k f_0 t} = \ldots + C_{-k} e^{-j2\pi (2k) f_0 t} + \ldots + C_{-1} e^{-j2\pi (1+k) f_0 t} + C_0 e^{-j2\pi k f_0 t}$$

$$+ C_1 e^{j2\pi (1-k) f_0 t} + \ldots + C_k + C_{k+1} e^{j2\pi f_0 t} \ldots$$

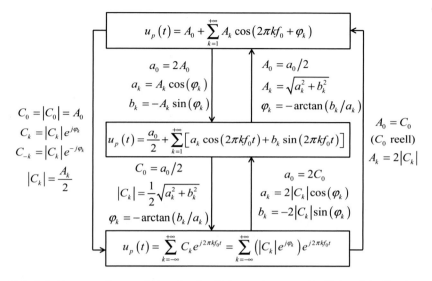

Abb. 3.4 Zusammenhang zwischen den Koeffizienten der unterschiedlichen Schreibweisen der Fourier-Reihe

Anschließend integrieren wir diesen Ausdruck auf beiden Seiten:

$$\int_{-t_p/2}^{t_p/2} u_p(t) \cdot e^{-j2\pi kf_0 t} dt = \ldots + \int_{-t_p/2}^{-t_p/2} C_{-k} e^{-j2\pi(2k)f_0 t} dt + \ldots + \int_{-t_p/2}^{-t_p/2} C_{-1} e^{-j2\pi(1+k)f_0 t} dt$$

$$+ \int_{-t_p/2}^{-t_p/2} C_0 e^{-j2\pi kf_0 t} dt + \int_{-t_p/2}^{-t_p/2} C_1 e^{j2\pi(1-k)f_0} dt + \ldots + \int_{-t_p/2}^{-t_p/2} C_k dt + \int_{-t_p/2}^{-t_p/2} C_{k+1} e^{j2\pi kf_0 t} dt + \ldots$$

Betrachten wir nun die Integrale auf der rechten Seite:

$$\int_{-t_p/2}^{t_p/2} C_k dt = C_k \cdot t \Big|_{-t_p/2}^{t_p/2} = C_k \cdot \left[\frac{t_p}{2} - \left(\frac{-t_p}{2}\right)\right] = C_k \cdot t_p.$$

Für alle anderen Integrale auf der rechten Seite gilt mit $f_0 = 1/t_p$:

$$\int_{-t_p/2}^{t_p/2} C_n e^{j2\pi(n-k)f_0 t} dt = \frac{C_n}{j2\pi(n-k)f_0} \cdot e^{j2\pi(n-k)f_0 t} \Big|_{-t_p/2}^{t_p/2} = \frac{C_n}{j2\pi(n-k)f_0} \cdot e^{j2\pi(n-k)t/t_p} \Big|_{-t_p/2}^{t_p/2}$$

$$= \frac{C_j}{j2\pi(n-k)f_0} \cdot \left[e^{j\pi(n-k)} - e^{-j\pi(n-k)}\right],$$

Ein Blick auf die e-Funktion im Einheitskreis (Abb. 3.2) zeigt uns, dass $e^{j\pi(n-k)} = e^{-j\pi(n-k)}$ für alle ganzzahligen $(n-k)$.

Somit sind alle $\int\limits_{-t_p/2}^{t_p/2} C_n e^{j2\pi(n-k)f_0 t} dt = 0$.

Damit kommen wir abschließend zu dem Ausdruck

$$\int\limits_{-t_p/2}^{t_p/2} u_p(t) \cdot e^{-j2\pi k f_0 t} dt = t_p \cdot C_k \text{ bzw. } C_k = \frac{1}{t_p} \cdot \int\limits_{-t_p/2}^{t_p/2} u_p(t) \cdot e^{-j2\pi k f_0 t} dt$$

zur Berechnung der komplexen Fourier-Koeffizienten C_k aus $u_p(t)$.

Zusammenfassend haben wir damit folgenden mathematischen Apparat für die Fourier-Transformation periodischer Zeitfunktionen:

$$u_p(t) = \sum_{k=-\infty}^{+\infty} C_k e^{j2\pi k f_0 t} \quad \rightleftarrows \quad C_k = \frac{1}{t_p} \int\limits_{-t_p/2}^{t_p/2} u_p(t) \cdot e^{-j2\pi k f_0 t} dt$$

Der Zusammenhang der Koeffizienten der alternativen Schreibweisen der Fourier-Reihe ist in den Abb. 3.4 dargestellt.

Beispiel

Wir berechnen die (komplexen) Fourier-Koeffizienten C_k für die in der Abbildung dargestellte periodische Rechteckfunktion.

Periodische Rechteckfunktion

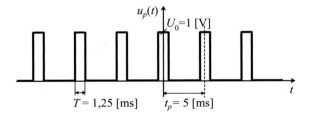

Diese **periodische** Funktion wird durch folgenden analytischen Ausdruck beschrieben:

$$u_p = \sum_{m=-\infty}^{+\infty} u(t - m t_p); \quad u(t) = \begin{cases} U_0 & \text{für } |t| \leq T/2 \\ 0 & \text{sonst} \end{cases}$$

Zu Bestimmung der komplexen Fourier-Koeffizienten nutzen wir den Ausdruck

$$C_k = \frac{1}{t_p} \int_{-t_p/2}^{t_p/2} u_p(t) \cdot e^{-j2\pi kf_0 t} dt,$$

wobei $T < t_p$ vorausgesetzt ist.

Im Integrationsbereich $-t_p/2 \leq t \leq t_p/2$ ist die periodische Funktion $u_p(t)$ identisch mit ihrer generierenden Funktion $u(t)$, wobei diese identisch gleich Null für $|t| > T/2$ und ansonsten gleich U_0 ist. Somit können wir schreiben

$$C_k = \frac{1}{t_p} \int_{-T/2}^{T/2} U_0 \cdot e^{-j2\pi kf_0 t} dt = \frac{U_0}{t_p} \cdot \frac{1}{-j2\pi kf_0} \cdot e^{-j2\pi kf_0 t} \Big|_{-T/2}^{T/2}$$

$$C_k = \frac{U_0}{t_p} \cdot \frac{1}{-j2\pi kf_0} \cdot \left[e^{-j2\pi kf_0 (T/2)} - e^{-j2\pi kf_0 (-T/2)} \right] = \frac{U_0}{t_p \pi kf_0} \cdot \frac{e^{+j\pi kf_0 T} - e^{-j\pi kf_0 T}}{2j}$$

Mit der Euler'schen Formel

$$\sin(\pi kf_0 T) = \frac{e^{j\pi kf_0 T} - e^{-j\pi kf_0 T}}{2j}$$

bekommen wir abschließend den Ausdruck

$$C_k == \frac{U_0}{t_p \pi kf_0} \cdot \sin(\pi kf_0 T) = \frac{U_0 T}{t_p} \cdot \underbrace{\frac{\sin(\pi kf_0 T)}{\pi kf_0 T}}_{\text{si}(\pi kf_0 T)} = \frac{U_0 T}{t_p} \cdot \text{si}(\pi kf_0 T)$$

für die Berechnung der Fourier-Koeffizienten einer periodischen Rechteckfolge mit den Parametern U_0 (Amplitude der Rechteckimpulse), T (Pulsbreite, Rechteckbreite) und t_p (Periode).

Hinweis

Eine Funktion $\sin(x)/x$ wird als si-Funktion bezeichnet (auch Sinc-Funktion oder sinus cardinalis oder Spaltfunktion). Ihr typischer Verlauf ist in der Abbildung dargestellt.

si-Funktion

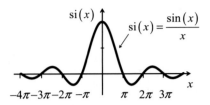

Für $x = 0$ ergibt sich mittels der Regel von de l'Hospital:

$$\lim_{x \to 0} \text{si}(x) = \lim_{x \to 0} \frac{\sin x}{x} = \lim_{x \to 0} \frac{(\sin x)'}{(x)'} = \lim_{x \to 0} \frac{\cos x}{1} = 1$$

Beispiel (Fortsetzung)

Da die in der Abbildung im vorherigen Beispielkasten dargestellte periodische Rechteckfunktion eine gerade Funktion ist, sind ihre Fourier-Koeffizienten C_k **reelle** Koeffizienten.

Der Übergang zur nicht-komplexen Schreibweise der Fourier-Reihe gestaltet sich deshalb besonders einfach:

$$u_p(t) = A_0 + \sum_{k=1}^{+\infty} A_k \cos(2\pi k f_0 t)$$
$$\text{mit } A_0 = C_0 \text{ und } A_k = 2|C_k| = 2C_k, \quad k > 0$$

Die in der Tabelle in Abb. 2.6 dargestellten Koeffizienten A_k wurden für die Parameter $U_0 = 1\,[\text{V}]$, $T = 1{,}25\,[\text{ms}]$, $t_p = 5\,[\text{ms}]$ mittels der oben hergeleiteten Formel berechnet, was hier beispielhaft für $k = 3$ gezeigt werden soll:

$$C_3 = \frac{U_0 T}{t_p} \cdot \frac{\sin(\pi 3 f_0 T)}{\pi 3 f_0 T} = \frac{U_0 T}{t_p} \cdot \frac{\sin(\pi 3 (T/t_p))}{\pi 3 (T/t_p)} \quad \text{mit } f_0 = \frac{1}{t_p}$$

$$C_3 = \frac{1\,[\text{V}] \cdot 1{,}25\,[\text{ms}]}{5\,[\text{ms}]} \cdot \frac{\sin(\pi \cdot 3 \cdot (1{,}25\,[\text{ms}]/5\,[\text{ms}]))}{\pi 3 (1{,}25\,[\text{ms}]/5\,[\text{ms}])} = \frac{1\,[\text{V}]}{4} \cdot \frac{\sin\left(\frac{3\pi}{4}\right)}{\left(\frac{3\pi}{4}\right)}$$

$$C_3 = \frac{1\,[\text{V}]}{4} \cdot \frac{0{,}7071}{2{,}3562} = 0{,}075\,[\text{V}] \quad \rightarrow \quad A_3 = 2 \cdot C_3 = 0{,}15\,[\text{V}]$$

Abb. 3.3 zeigt die Koeffizienten C_k grafisch als **Linienspektrum.**

Von der Fourier-Reihe zum Fourier-Integral

Nun wollen wir mit dem Rechenbeispiel aus Kap. 3 etwas „spielen".

Dort haben wir die Formel für die Berechnung der Fourier-Koeffizienten auf eine periodische Rechteckfolge angewendet und herausgefunden, dass für diesen Fall

$$C_k = \frac{U_0 \cdot T}{t_p} \operatorname{si}(\pi k f_0 T); \quad f_0 = \frac{1}{t_p}.$$

Die Werte der Koeffizienten haben wir als Linienspektrum dargestellt, wobei die Höhe der Linien proportional zu den Werten der Koeffizienten ist und die Lage der Linien auf der Frequenzachse f durch $k \cdot f_0$ bestimmt ist.

Wenn wir die oberen Enden der Linien miteinander verbinden, entsteht eine **Hüllkurve,** die durch folgenden Ausdruck beschrieben wird:

$$\left\{ \text{Hüllkurve über } C_k \right\} = \frac{U_0 \cdot T}{t_p} \operatorname{si}(\pi f T) = U_0 \cdot T \cdot f_0 \cdot \operatorname{si}(\pi f T)$$

Wenn wir jetzt die Periode t_p der Rechteckfolge bei gleichbleibender Pulsbreite T und Amplitude U_0 größer werden lassen, so sehen wir, dass die Spektrallinien immer enger zusammenrücken und gleichzeitig die Amplitude der Hüllkurve immer kleiner wird, wobei allerdings die Form der Hüllkurve erhalten bleibt (Abb. 4.1).

Wenn wir allerdings die mit wachsender Periode immer kleiner werdenden Fourier-Koeffizienten C_k durch den ebenfalls immer kleiner werdenden Abstand f_0 zwischen den Spektrallinien dividieren, dann ändert sich die Amplitude der Hüllkurve über den modifizierten Koeffizienten C_k/f_0 nicht (Abb. 4.2).

Diese modifizierte Hüllkurve wird nun durch die Funktion

$$\left\{ \text{Hüllkurve über } C_k/f_0 \right\} = U_0 \cdot T \cdot \operatorname{si}(\pi f T)$$

beschrieben.

© Springer Fachmedien Wiesbaden GmbH, ein Teil von Springer Nature 2019
J. Lange und T. Lange, *Fourier-Transformation zur Signal- und Systembeschreibung,* essentials, https://doi.org/10.1007/978-3-658-24850-5_4

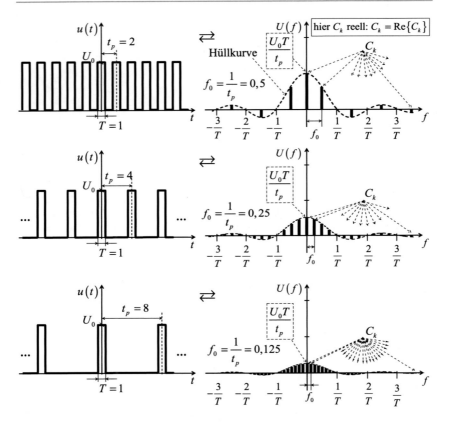

Abb. 4.1 Zusammenhang zwischen Periode und „Dichte" der Spektrallinien (1)

Wenn wir nun die Periode (gedanklich) gegen Unendlich gehen lassen, so bleibt von der ursprünglichen periodischen Rechteckfolge nur ein einzelner Impuls im Koordinatenursprung übrig, also eine **aperiodische** Funktion. Im Spektralbereich liegen die Spektrallinien nun untrennbar **dicht** nebeneinander, aber die modifizierte Hüllkurve über C_k/f_0 ändert sich nicht. Sie verwandelt sich durch den Grenzübergang $t_p \to \infty$ bzw. $f_0 \to 0$ lediglich in eine **kontinuierliche** Funktion, die wir nachfolgend als spektrale Amplituden**dichte** $U(f)$ (bzw. Spektralfunktion oder einfach nur Spektrum) bezeichnen wollen:

$$U(f) = \lim_{f_0 \to 0} \left(C_k/f_0 \right)$$

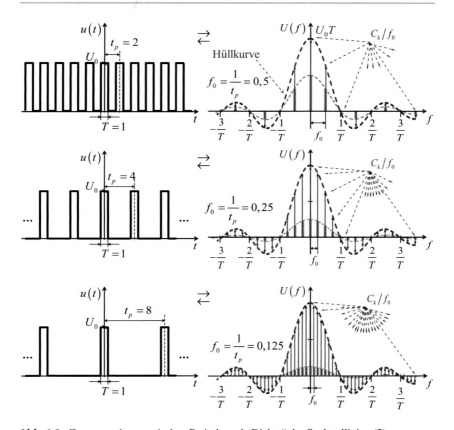

Abb. 4.2 Zusammenhang zwischen Periode und „Dichte" der Spektrallinien (2)

In unserem Beispiel besitzt somit die aus einem einzelnen Rechteckimpuls bestehend aperiodische Funktion $u(t)$ als korrespondierende Spektralfunktion eine si-Funktion (Abb. 4.3):

$$u(t) = \begin{cases} U_0 & \text{für } |t| \leq \frac{T}{2} \\ 0 \end{cases} \quad \rightleftarrows \quad U_0 \cdot T \cdot \text{si}(\pi \cdot f \cdot t)$$

Allgemein gilt für die Berechnung der Fourier-Koeffizienten:

$$C_k = \frac{1}{t_p} \int_{-t_p/2}^{+t_p/2} u_p(t) \cdot e^{-j2\pi k f_0 t} dt$$

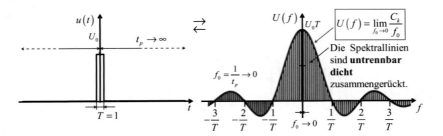

Abb. 4.3 Aperiodische Zeitfunktion und korrespondierende kontinuierliche Spektral-funktion

und mit $t_p = 1/f_0$ natürlich auch

$$\frac{C_k}{f_0} = \int\limits_{-t_p/2}^{+t_p/2} u_p(t) \cdot e^{-j2\pi k f_o t}\, dt$$

Nun wollen wir zwischenzeitlich f_0 durch das bei Grenzwertbetrachtungen übliche Intervall Δf ersetzen, also $\Delta f = f_0$.

Damit kommen wir zu folgenden Schreibweise:

$$\frac{C_k}{\Delta f} = \int\limits_{-t_p/2}^{+t_p/2} u_p(t) \cdot e^{-j2\pi k \Delta f t}\, dt.$$

Des Weiteren können wir $u_p(t)$ durch seine bildende aperiodische Funktion $u(t)$ ersetzen, da innerhalb der Integrationsgrenzen beide Funktionen identisch sind.

Lassen wir nun $t_p \to \infty$ bzw. $f_0 = \Delta f \to 0$ streben, so bekommen wir folgen-den Ausdruck zur Berechnung der kontinuierlichen Spektralfunktion $U(f)$ aus der korrespondierenden aperiodischen Zeitfunktion $u(t)$:

$$U(f) = \lim_{\substack{t_p \to \infty \\ \Delta f \to 0}} \frac{C_k}{\Delta f} = \lim_{\substack{t_p \to \infty \\ \Delta f \to 0}} \int\limits_{-t_p/2}^{+t_p/2} u_p(t) \cdot e^{-j2\pi k \Delta f t}\, dt = \int\limits_{-\infty}^{+\infty} u(t) \cdot e^{-j2\pi f t}\, dt$$

wobei sich bei dieser Grenzwertbetrachtung die Punkteschar $\{k \cdot \Delta f\}$ in die kontinuierliche Variable f verwandelt, also

$$\{k \cdot \Delta f\} \rightarrow f \quad \text{für} \quad \Delta f \rightarrow 0.$$

Jetzt erhebt sich als Nächstes die Frage, wie wir aus einer gegebenen kontinuierlichen Spektralfunktion $U(f)$ die korrespondierende aperiodische Zeitfunktion $u(t)$ bestimmen können.

Wir starten mit der komplexen Fourier-Reihe:

$$u_p(t) = \sum_{k=-\infty}^{+\infty} C_k \cdot e^{+j2\pi k f_0 t}$$

Auch diesmal ersetzen wir für die nachfolgende Grenzwertbetrachtung f_0 durch Δf, also $\Delta f = f_0$, und führen eine kleine Umformung durch:

$$u_p(t) = \sum_{k=-\infty}^{+\infty} \frac{C_k}{\Delta f} \cdot e^{+j2\pi k \Delta f t} \cdot \Delta f.$$

Wenn wir jetzt erneut die Grenzwertbetrachtung für $\Delta f \rightarrow 0$ bzw. $t_p \rightarrow \infty$ durchführen, so bekommen wir mit

$u(t) = \lim\limits_{t_p \rightarrow \infty} u_p(t)$ und $\lim\limits_{\Delta f \rightarrow 0} \frac{C_k}{\Delta f} = U(f)$ schließlich

$$u(t) = \lim_{t_p \rightarrow \infty} u_p(t) = \lim_{\Delta f \rightarrow 0} \sum_{k=-\infty}^{+\infty} \frac{C_k}{\Delta f} \cdot e^{+j2\pi k \Delta f t} \cdot \Delta f = \int_{-\infty}^{+\infty} U(f) \cdot e^{+j2\pi f t} df.$$

Die Beziehungen für die Fourier-Transformation aperiodischer Funktionen lassen sich also mit folgenden Fourier-Integralen zusammenfassen:

$$u(t) = \int_{-\infty}^{+\infty} U(f) \cdot e^{+j2\pi f t} df \quad \rightleftarrows \quad U(f) = \int_{-\infty}^{+\infty} u(t) \cdot e^{-j2\pi f t} dt$$

Wenn wir nun beide Integrale betrachten, so sehen wir eine deutliche **Symmetrie,** die wir mithilfe der Abb. 5.1 und 5.2 illustrieren wollen:

- Eine Rechteckfunktion im Zeitbereich besitzt eine si-Funktion im Frequenzbereich.
- Eine Rechteckfunktion im Frequenzbereich besitzt eine si-Funktion im Zeitbereich.

Ähnliche symmetrische Beziehungen gelten auch für andere Funktionen.

Die Fourier-Transformation von Standard-Signalen

5

Nachfolgend wird die Fourier-Transformation für typische Standardsignale gezeigt, die häufig in der (Mess-)Technik Anwendung finden.

Aperiodische Rechteckfunktion

$$u(t) = \left\{ \begin{array}{l} U_0, \ |t| \leq T_H/2 \\ 0, \ \text{sonst} \end{array} \right\} \ \rightleftarrows \ U(f) = U_0 T_H \frac{\sin(\pi T_H f)}{(\pi T_H f)} = U_0 T_H \mathrm{si}(\pi T_H f)$$

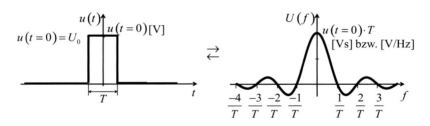

Abb. 5.1 Rechtecksignal $u(t)$ und dazugehörige Spektralfunktion $U(f)$

© Springer Fachmedien Wiesbaden GmbH, ein Teil von Springer Nature 2019
J. Lange und T. Lange, *Fourier-Transformation zur Signal- und Systembeschreibung,* essentials, https://doi.org/10.1007/978-3-658-24850-5_5

Aperiodische si-Funktion

$$u(t) = U(f = 0)B_H \frac{\sin(\pi B_H t)}{(\pi B_H t)} \ \rightleftarrows \ U(f) = \left\{ \begin{array}{l} U(f = 0), |f| \le B_H/2 \\ 0, \text{ sonst} \end{array} \right\}$$

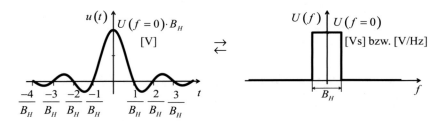

Abb. 5.2   si-Funktion $u(t)$ und dazugehörige Spektralfunktion $U(f)$

Gauß-Funktion

$$u(t) = e^{-\pi t^2} \ \rightleftarrows \ U(f) = e^{-\pi f^2}$$

Die Transformation der Original-Gaußfunktion ist reziprok, d. h. für die Funktionen $u(t)$ und $U(f)$ gilt der gleiche funktionelle Zusammenhang (Abhängigkeit von t bzw. f).

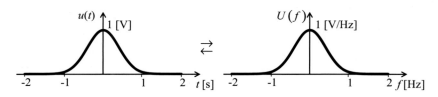

Abb. 5.3   Gauß-Funktion

Gestauchte und gestreckte Gauß-Funktionen

$$u(t) = e^{-\pi (at)^2} \; \rightleftarrows \; U(f) = \frac{1}{a} e^{-\pi \left(\frac{f}{a}\right)^2}$$

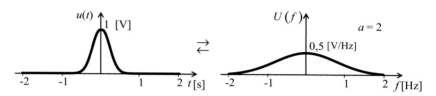

Abb. 5.4 Gestauchte Gauß-Funktion (hier $a = 2$)

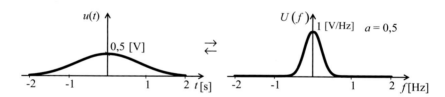

Abb. 5.5 Gestreckte Gauß-Funktion (hier $a = 0,5$)

Die Abb. 5.3 bis 5.5 demonstrieren einen wichtigen allgemeingültigen Zusammenhang:

- **Je schmaler die Zeitfunktion, desto breiter ihre Spektralfunktion.**
- **Je breiter die Zeitfunktion, desto schmaler ihre Spektralfunktion.**

Dirac-Funktion (Delta-Funktion, Stoß-Funktion)

Die Dirac-Funktion ist eine mathematische Abstraktion, die in der Natur nicht existiert, jedoch bei modellmäßigen Betrachtungen oft eine wichtige Rolle spielt, z. B. als abstraktes Modell von Testsignalen. Berechnungen werden meistens einfacher, wenn man reale Testsignale durch die Dirac-Funktion ersetzt, wobei bei

Beachtung der notwendigen Randbedingungen (siehe unten) die Rechenergebnisse hinreichend genau für praktische Anwendungen sind.

Die Dirac-Funktion ist wie folgt definiert:

$$\delta(t) \equiv 0 \ \text{für} \ t \neq 0; \quad \int_{-\varepsilon}^{\varepsilon} \delta(t)dt = 1 \ \text{für} \ \varepsilon > 0$$

Das heißt, die Dirac-Funktion ist ein Impuls im Punkt $t = 0$, dessen Pulsbreite gegen Null und dessen Amplitude gegen Unendlich strebt. Sie wird durch einen senkrechten Pfeil symbolisiert.

$$u(t) = C_0\delta(t) \ \rightleftarrows \ U(f) = C_0$$

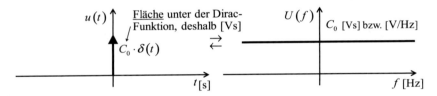

Abb. 5.6 Dirac-Funktion und dazugehörige Spektralfunktion

Die Spektralfunktion der Dirac-Funktion ist als $U(f) = C_0 = $ const. definiert.

In der (messtechnischen) Praxis wird die Dirac-Funktion durch einen sehr schmalen Impuls (beliebiger Form) ersetzt, da die Halbwertsbreite B_H der Spektralfunktion umgekehrt proportional zur Pulsbreite T_H ist, also $B_H \approx 1/T_H$ (siehe auch Kap. 6), und somit der Verlauf der Spektralfunktion im interessierenden Frequenzbereich näherungsweise konstant ist (Abb. 5.7).

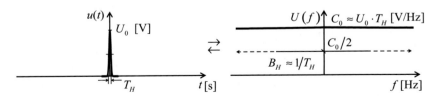

Abb. 5.7 Näherungsweise Realisierung der Dirac-Funktion

Kosinusfunktion

$$u_p(t) = U_0 \cos(2\pi f_0 t) \rightleftarrows U(kf_0) = \underbrace{\frac{U_0}{2}\,\delta(f+f_0)}_{C_{-1}} + \underbrace{\frac{U_0}{2}\,\delta(f-f_0)}_{C_{+1}}$$

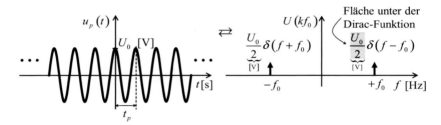

Abb. 5.8 Kosinusfunktion und dazugehörige Spektralfunktion (Doppel-Dirac-Stoß)

Wir haben hier in den Abbildungen Maßeinheiten gezeigt, die uns helfen sollen, den physikalischen Sinn der Spektralfunktionen zu verstehen:

Wenn wir annehmen, dass es sich bei den Signalen im Zeitbereich (in der linken Seite der Abbildungen) um elektrische Spannungen mit der Maßeinheit [V] handelt, dann haben die entsprechenden Spektralfunktionen (in der rechten Seite der Abbildungen) die **Maßeinheit [V]** im Fall **periodischer Zeitsignale** (Abb. 5.8) und die **Maßeinheit [V/Hz] bzw. [Vs]** im Fall **aperiodischer Zeitsignale** (Abb. 5.1, 5.2, 5.3, 5.4, 5.5, 5.6 und 5.7).

Die Maßeinheit [V/Hz] bzw. „Volt pro 1 Hz Bandbreite" ergibt sich aus dem Übergang von periodischen zu aperiodischen Signalen (Kap. 4): Mit größer werdender Periode der Zeitfunktion rücken die Linien des Spektrums immer **dichter** zusammen und ihre Amplitude wird kleiner. Die Reduktion der Amplitude kompensieren wir durch Multiplikation mit der Periode. Dadurch entsteht die Maßeinheit [Vs] bzw. gleichbedeutend [V/Hz].

Wenn wir die spektrale Amplitudendichte quadrieren, so zeigt uns das Ergebnis die **Verteilung der Energie des Signals über der Frequenz**. Die Maßeinheit dieser spektralen **Energiedichte** ist dann $\left[(V/Hz)^2\right]$ bzw. $\left[V^2 s/Hz\right]$.

Das Berücksichtigen der Maßeinheiten hilft bei der Lösung von praktischen Aufgaben auch, Fehler zu vermeiden.

Hinweis

Aufgrund der **Symmetrieeigenschaften** (siehe Kap. 4) können die hier dargestellten funktionalen Zusammenhänge im Zeitbereich und im Frequenzbereich auch ausgetauscht werden, wie z. B. in den Abb. 5.1 und 5.2.

Eigenschaften der Fourier-Transformation und Näherungsbeziehungen

Nachfolgend werden einige wichtige Eigenschaften der Fourier-Transformation (ohne weiteren Beweis) aufgelistet.

1. Wenn $u(t) \rightleftarrows U(f)$ und k eine zeit- und frequenzunabhängige Konstante ist, dann gilt:

$$k \cdot u(t) \rightleftarrows k \cdot U(f)$$

2. Wenn $u_1(t) \rightleftarrows U_1(f)$ und $u_2(t) \rightleftarrows U_2(f)$, dann gilt:

$$[u_1(t) + u_2(t)] \rightleftarrows \left[U_1(f) + U_2(f)\right]$$

3. Gerade reelle Zeitfunktionen besitzen gerade reelle Spektralfunktionen und ungerade reelle Zeitfunktionen ungerade imaginäre Spektralfunktionen.

4. Reelle Zeitfunktionen, die im Allgemeinen aus einer geraden und einer ungeraden Komponente bestehen, also $u(t) = u_g(t) + u_u(t)$, haben Spektralfunktionen mit einem geraden Realanteil und einem ungeraden Imaginäranteil.

5. Verschiebungssatz: Die Verschiebung einer Zeitfunktion bedeutet Multiplikation der Spektralfunktion mit einem Drehzeiger:

$$u(t - t_0) \rightleftarrows U(f) \cdot e^{-j2\pi t_0 f}.$$

Analog gilt für die Verschiebung einer Spektralfunktion:

$$u(t) \cdot e^{+j2\pi f_0 t} \rightleftarrows U(f - f_0)$$

Daraus ergibt sich die für die Praxis wichtige Schlussfolgerung:

$$\frac{1}{2}[u(t - t_0) + u(t + t_0)] \rightleftarrows U(f) \cdot \cos\left(2\pi t_0 f\right)$$

© Springer Fachmedien Wiesbaden GmbH, ein Teil von Springer Nature 2019
J. Lange und T. Lange, *Fourier-Transformation zur Signal- und Systembeschreibung,* essentials, https://doi.org/10.1007/978-3-658-24850-5_6

$$u(t) \cdot \cos{(2\pi f_0 t)} \quad \rightleftarrows \quad \frac{1}{2}\left[U(f - f_0) + U(f + f_0)\right]$$

Der letzte Ausdruck erklärt das Grundprinzip der Amplitudenmodulation (analoge Übertragungstechnik, Rundfunk), da es zeigt, wie durch die Multiplikation eines frequenzbegrenzten Nutzsignals mit einem kosinusförmigen Träger die Verschiebung des Spektrums dieses Signals in einen höheres Frequenzband erreicht wird (Abb. 6.1).

6. **Ähnlichkeitssatz:** Die Stauchung oder Streckung einer Zeitfunktion $u(t)$ durch Multiplikation ihrer Variablen t mit einem positiven reellen Faktor a entspricht einer Streckung oder Stauchung der korrespondierenden Spektralfunktion, so wie beispielsweise in den Abb. 5.3, 5.4 und 5.5 gezeigt:

$$u(at) \quad \rightleftarrows \quad \frac{1}{a}U\left(\frac{f}{a}\right), \quad a > 0, \text{ reell}$$

Gleiches gilt natürlich auch für den Frequenzbereich:

$$\frac{1}{a}u\left(\frac{t}{a}\right) \quad \rightleftarrows \quad U(af), \quad a > 0, \text{ reell}$$

7. Die Fläche unter der Spektralfunktion $U(f)$ ist gleich dem Wert der Zeitfunktion $u(t)$ an der Stelle $t = 0$:

$$u(t = 0) = u(0) = \int\limits_{-\infty}^{\infty} U(f)df \quad \text{Fläche unter } U(f)!$$

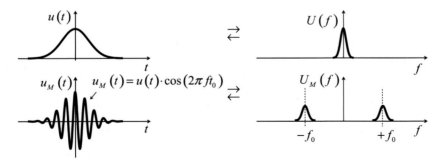

Abb. 6.1 Amplitudenmodulation als Anwendungsbeispiel für den Verschiebungssatz

8. Die Fläche unter der Zeitfunktion $u(t)$ ist gleich dem Wert der Spektralfunktion $U(f)$ an der Stelle $f = 0$:

$$U(f = 0) = U(0) = \int_{-\infty}^{\infty} u(t)dt \quad \text{Fläche unter } u(t)!$$

Aus den letzten beiden Eigenschaften ergeben sich folgende nützliche **Näherungsbeziehungen** für Funktionen, die nicht zu stark unsymmetrisch sind und vom Maximum zu beiden Seiten monoton abfallen, also einer Glocke ähneln (Abb. 6.2):

$$B_H \approx \frac{1}{T_H}, \quad U(f = 0) \approx u(t = 0) \cdot T_H, \quad u(t = 0) \approx U(f = 0) \cdot B_H$$

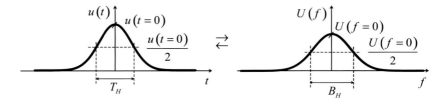

Abb. 6.2 Näherungsbeziehungen für glockenähnliche Funktionen

Die Fourier-Transformation als Werkzeug zur Beschreibung von Signalen und Systemen

In der (Elektro-)Technik besteht eine der ältesten und einfachsten Methoden zur Bestimmung der Übertragungseigenschaften eines Systems darin, dass man an den Eingang eines Systems ein harmonisches (sinus- bzw. kosinusförmiges) Signal $u_1(t)$ einer bestimmten Frequenz anlegt und es mit dem Signal $u_2(t)$ am Ausgang vergleicht.

Wir wollen im Weiteren ein **lineares** System betrachten, das Energiespeicher (z. B. Kondensatoren C und/oder Induktivitäten L)[1] enthalten kann und dessen Verhalten somit im Allgemeinen **frequenzabhängig** ist.

Legen wir nun am Eingang dieses Systems ein harmonisches (sinus- oder kosinusförmiges) Signal $u_1(t)$ einer bestimmten Frequenz f_k an, so sehen wir, dass das Ausgangssignal $u_2(t)$ immer noch ein harmonisches Signal ist, aber zeitlich um Δt_k verzögert ist und im Allgemeinen eine andere (größere oder kleinere) Amplitude besitzt. Beide Größen, die Amplitude und die zeitliche Verzögerung des Ausgangssignals, sind frequenzabhängig, wie der Vergleich der Fälle 1 und 2 in Abb. 7.1 zeigt.

Wir beschreiben die Signale am Eingang und am Ausgang des Systems wie folgt:

- Eingangssignal: $u_1(t) = A_{10} \cos(2\pi f_k t)$; $A_{10} = $ const.
- Ausgangssignal: $u_2(t) = A_{2k} \cos(2\pi f_k(t - \Delta t_k))$, $A_{2k}, \Delta t_k$ — frequenzabh.

---

[1]Wir betrachten hier elektrotechnische Systeme. Die Aussagen gelten jedoch allgemein für alle Arten von linearen Systemen, z. B. mechanische Systeme, wo die Energiespeicher typischerweise Feder-und Masseelemente sind.

© Springer Fachmedien Wiesbaden GmbH, ein Teil von Springer Nature 2019
J. Lange und T. Lange, *Fourier-Transformation zur Signal- und Systembeschreibung,* essentials, https://doi.org/10.1007/978-3-658-24850-5_7

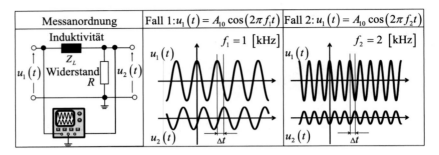

Abb. 7.1 Systemreaktion auf harmonische Eingangssignale unterschiedlicher Frequenz

Die Spektralfunktionen beider Signale sind (vgl. Kap. 5 [Kosinus] und 6 [Verschiebungssatz]):

$$u_1(t) = A_{10} \cos{(2\pi f_k t)} \quad \rightleftarrows \quad U_{1k}(f) = \frac{A_{10}}{2} \left[\delta(f + f_k) + \delta(f - f_k) \right]$$

$$u_2(t) = A_{2k} \cos{(2\pi f_k (t - \Delta t_k))} \quad \rightleftarrows \quad U_{2k}(f) = \frac{A_{2k}}{2} \left[\delta(f + f_k) + \delta(f - f_k) \right] e^{-j2\pi f_k \Delta t_k}$$

Setzen wir nun die Spektralfunktionen beider Signale ins Verhältnis, so bekommen wir den frequenzabhängigen komplexen **Übertragungsfaktor** $G(f_k)$:

$$G(f_k) = \frac{U_{2k}(f)}{U_{1k}(f)} = \frac{\frac{A_{2k}}{2} \left[\delta(f + f_k) + \delta(f - f_k) \right] e^{-j2\pi f_k t_k}}{\frac{A_{10}}{2} \left[\delta(f + f_k) + \delta(f - f_k) \right]} = \frac{A_{2k}}{A_{10}} \cdot e^{-j2\pi f_k \Delta t_k}$$

bzw.

$$G(f_k) = \frac{U_{2k}(f)}{U_{1k}(f)} = |G(f_k)| e^{j\varphi_k}, \quad \text{mit } |G(f_k)| = \frac{A_{2k}}{A_{10}} \text{ und } \varphi_k = -2\pi f_k \Delta t_k.$$

Damit lässt sich für jede beliebige Frequenz f_k die Amplitude des harmonischen Ausganssignals

$$u_2(t) = A_{2k} \cos{(2\pi f_k (t - \Delta t_k))}$$

mithilfe des komplexen Übertragungsfaktors aus der Amplitude des harmonischen Eingangssignals

$$u_1(t) = A_{10} \cos{(2\pi f_k t)}; \quad A_{10} = \text{const.}$$

berechnen:

$$A_{2k} = A_{10} \cdot |G(f_k)|.$$

Die Zeitverschiebung kann direkt aus dem komplexen Übertragungsfaktor abgelesen werden:

$$\Delta t_k = -\frac{\varphi_k}{2\pi f_k}.$$

Die Menge aller möglichen Übertragungsfaktoren für $-\infty < f_k < +\infty$ ergibt die **Übertragungsfunktion**
$G(f) = |G(f)| \cdot e^{j\varphi(f)}$, siehe Abb. 7.3.

Beachte:

- $|G(f)|$ ist immer eine gerade Funktion.
- $\varphi(f)$ ist immer eine ungerade Funktion, also $-\varphi(f) = \varphi(-f)$, wobei $\varphi(f) \leq 0$ für alle $f \geq 0$. Dies folgt aus der Kausalität, da die Verzögerung nur größer (oder gleich) Null sein kann, also $\Delta t \geq 0$.

Sind die Struktur und die Werte der Elemente des Systems bekannt, so kann die Übertragungsfunktion rechnerisch ermittelt werden.

Stellt das System jedoch eine Blackbox mit unbekannter innerer Struktur bzw. unbekannten Größen der Bauelemente dar, so wird der Übertragungsfaktor messtechnisch ermittelt.

Eine einfache Methode besteht darin, dass man die Frequenz des harmonischen Signals am Eingang in geeigneten Schritten ändert und für jede dieser Frequenzen die Amplitude und die Zeitverzögerung misst (z. B. mithilfe eines Vektorvoltmeters oder eines Oszilloskopen) und diese dann tabellarisch bzw. grafisch darstellt, wie in den Abb. 7.2 und 7.3 gezeigt.

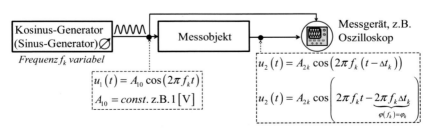

Abb. 7.2 Einfache Messanordnung zur punktweisen Ermittlung der Übertragungsfunktion

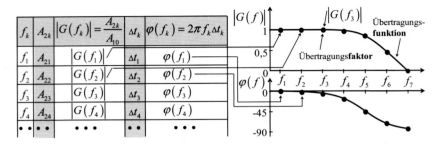

Abb. 7.3 Darstellung der Übertragungsfaktoren und der Übertragungsfunktion als Tabelle und Grafik

$$u_1(t) = A_{10} + \sum_{k=1}^{\infty} A_{1k} \cos(2\pi k f_0 t) \qquad u_2(t) = \underbrace{A_{20}}_{A_{10}|G(0)|} + \sum_{k=1}^{\infty} \underbrace{A_{2k}}_{A_{1k}|G(kf_0)|} \cdot \cos(2\pi k f_0 t + \varphi_k)$$

System
$$G(kf_0) = |G(kf_0)| \cdot e^{j\varphi_k}$$

$$A_{2k} = A_{1k} \cdot |G(kf_0)|$$

Abb. 7.4 Zusammenspiel zwischen linearem System und nichtharmonischem periodischen Signal

Anmerkung zu Abb. 7.3: Aufgrund der Symmetrie der Teilfunktionen $|G(-f)| = |G(f)|$ und $\varphi(-f) = -\varphi(f)$ der Übertragungsfunktion reicht es vorläufig aus, nur den rechten Teil dieser Funktionen darzustellen.

Bisher haben wir nur die Wechselwirkung zwischen linearen Systemen und harmonischen Signalen beschrieben.

Aber wie gehen wir mit periodischen, aber nicht harmonischen Signalen um, wie in Abb. 7.4 dargestellt?

Um diese Frage zu beantworten, erinnern wir uns daran, dass wir periodische nichtharmonische Signale mithilfe der Fourier-Reihe darstellen können:

$$u_{1p}(t) = A_{10} + \sum_{k=1}^{+\infty} A_{1k} \cos\left(2\pi k f_0 + \varphi_{1k}\right) = A_{10} + \sum_{k=1}^{+\infty} A_{1k} \cos\left(2\pi k f_0\right),$$

$$\varphi_{1k} = 0 \ \text{ für gerade Funktionen}$$

Anmerkung: Wir betrachten hier eingangsseitig eine gerade periodische Funktion, so wie in Abb. 7.4 dargestellt. In diesem Fall haben alle Kosinusfunktionen unter dem Summenzeichen eine Phasenverschiebung von $\varphi_{1k} = 0$.

Wenn wir also das periodische Eingangssignal als Summe von Kosinus-funktionen unterschiedlicher Amplitude und Frequenz darstellen können, dann dürfen wir auch das Ausgangssignal als Summe unterschiedlicher Kosinus-funktionen darstellen. Diese Kosinusfunktionen haben die gleichen Frequenzen wie die des Eingangssignals, aber andere Amplituden und Phasenverschiebungen:

$$u_{2p}(t) = A_{20} + \sum_{k=1}^{+\infty} A_{2k} \cos(2\pi k f_0 + \varphi_k).$$

wobei in Analogie zu den obigen Betrachtungen φ_k direkt aus dem Wert der komplexen Übertragungsfunktion an der Stelle f_k abgelesen werden kann,

$$G(f_k) = |G(f_k)| \cdot e^{j\varphi(f_k)} = |G(f_k)| \cdot e^{j\varphi_k},$$

und für die Amplituden Folgendes gilt:

$$A_{2k} = A_{1k} \cdot |G(f_k)|.$$

Noch einfacher wird es, wenn wir zur komplexen Schreibweise der Fourier-Reihe übergehen:

- Eingangssignal:

$$u_{1p}(t) = A_{10} + \sum_{k=1}^{+\infty} A_{1k} \cos(2\pi k f_0) = \sum_{-\infty}^{+\infty} C_{1k} \cdot e^{j2\pi k f_0 t},$$

$$C_{10} = A_{10}; \ C_{1k} = A_{1k}/2, \ \text{reell für gerade Funktionen}$$

- Ausgangssignal:

$$u_{2p}(t) = A_{20} + \sum_{k=1}^{+\infty} A_{2k} \cos(2\pi k f_0 + \varphi_k) = \sum_{-\infty}^{+\infty} C_{2k} e^{j2\pi k f_0 t}; \quad C_0 = A_0, \ C_{2k} = \frac{A_{2k}}{2} e^{j\varphi}$$

Mit $A_{2k} = A_{1k} \cdot |G(f_k)|$ bekommen wir

$$C_{2k} = \frac{A_{2k}}{2} \cdot e^{j\varphi_k} = \underbrace{\frac{A_{1k}}{2}}_{C_{1k}} \underbrace{|G(f_k)| \cdot e^{j\varphi_k}}_{G(f_k)} \quad \text{bzw.} \ C_{2k} = C_{1k} \cdot G(f_k).$$

Wenn wir nun abschließend ein aperiodisches Signal betrachten (A dann brauchen wir nur noch in Anlehnung an Kap. 4 den Übergang Fourier-Reihe zum Fourier-Integral zu vollziehen:

$$u_1(t) = \lim_{t_p \to \infty} u_{1p}(t) = \lim_{\Delta f \to 0} \sum_{k=-\infty}^{+\infty} \frac{C_{1k}}{\Delta f} \cdot e^{+j2\pi k \Delta f t} \cdot \Delta f = \int_{-\infty}^{+\infty} U_1(f) \cdot e^{+j2\pi f t} df$$

$$u_2(t) = \lim_{t_p \to \infty} u_{2p}(t) = \lim_{\Delta f \to 0} \sum_{k=-\infty}^{+\infty} \frac{C_{2k}}{\Delta f} \cdot e^{+j2\pi k \Delta f t} \cdot \Delta f = \int_{-\infty}^{+\infty} U_2(f) \cdot e^{+j2\pi f t} df$$

Mit $C_{2k} = C_{1k} \cdot G(f_k) = C_{1k} \cdot G(k \cdot \Delta f)$ können wir schreiben:

$$u_2(t) = \lim_{t_p \to \infty} u_{2p}(t) = \lim_{\Delta f \to 0} \sum_{k=-\infty}^{+\infty} \frac{C_{1k}}{\Delta f} G(k\Delta f) e^{+j2\pi k \Delta f t} \cdot \Delta f = \int_{-\infty}^{+\infty} \underbrace{U_1(f) \cdot G(f)}_{U_2(f)} e^{+j2\pi f t} df$$

Damit erhalten wir abschließend folgende fundamentale allgemeingültige Beziehung für die Beschreibung des Zusammenspiels zwischen linearen Systemen und Signalen (im Frequenzbereich):

$$U_2(f) = U_1(f) \cdot G(f)$$

̈ür die praktische Anwendung kann der in Abb. 7.6 dargestellte Weg beschritten wer-
̆. Dieser bietet sich besonders an, wenn wir die Hin- und Rücktransformationen
̄rungsweise, ggf. unter Verwendung der bekannten Transformationen von

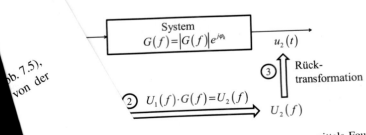

̇nspiel zwischen linearem System und aperiodischem Signal

̇gnalen und System – Lösungsweg mittels Fourier-

Standard-Signalen, oder mithilfe der Diskreten Fourier-Transformation (die wir in einem weiteren *essential* vorstellen werden) durchführen.

Robustes Beispiel

Gegeben ist das in der Abbildung gezeigte System (idealisierter Tiefpass):

Beispiel – Aufgabenstellung

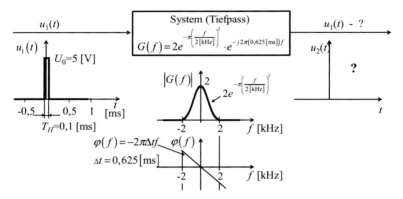

Auf dieses System wirkt ein schmaler Rechteckimpuls mit einer Pulsbreite $T_H = 0,1$ [ms] und einer Amplitude $U_0 = 5$ [V].

Gesucht ist das Ausgangssignal $u_2(t)$, wobei eine **näherungsweise** Berechnung ausreichend ist.

Lösung: Wir folgen dem in Abb. 7.6 vorgeschlagenen Lösungsweg.

Schritt 1: Wir bestimmen die Spektralfunktion des Eingangssignals als si-Funktion (vgl. Kap. 5) mit $U_1(f = 0) = U_0 T_H = 0,5$ $\left[\text{V}/\text{kHz}\right]$ und dem ersten Nulldurchgang bei $1/T_H = 10$ [kHz] (folgende Abbildung, rechts oben)

Schritt 2: Nun müssen wir die Multiplikation

$$U_2(f) = U_1(f) \cdot G(f) = U_1(f) \cdot |G(f)| \cdot e^{j\varphi(f)}$$

ausführen, wobei hier $|U_2(f)| = U_1(f) \cdot |G(f)|$, da $U_1(f)$ eine reelle Funktion ist.

Die Funktion $|U_2(f)|$ finden wir, indem wir punktweise für beliebige Frequenzen f_i den Wert $U_1(f_i)$ mit dem Wert $|G(f_i)|$ multiplizieren, wie in der folgenden Abbildung gezeigt. Im Ergebnis bekommen wir die in dieser Abbildung unten rechts gezeigte Funktion $|U_2(f)|$, die wiederum näherungsweise glockenförmig ist und folgende Parameter besitzt: $|U_2(f = 0)| = 1$ $\left[\text{V}/\text{kHz}\right]$ und $B_H \approx 2$ [kHz].

Damit kennen wir nun näherungsweise die Spektralfunktion des Ausgangssignals:

$$U_2(f) = \underbrace{|U_2(f)|}_{\approx \text{Glocke}} \cdot e^{j\varphi(f)} = |U_2(f)| \cdot e^{-j2\pi \cdot \Delta t \cdot f}, \quad \Delta t = 0{,}625 \text{ [ms]}$$

Schritt 3: Für die Rücktransformation der nahezu glockenförmige Funktion
$|U_2(f)|$ mit

$$|U_2(f = 0)| = 1 \ [\text{V}/\text{kHz}] \text{ und } B_H \approx 2 \text{ [kHz]}$$

können wir die Näherungsbeziehungen aus Kap. 6, Abb. 6.2, nutzen.

Die Transformierte dieser Funktion, die wir in folgender Abbildung mit
$z_2(t)$ bezeichnet haben, also $|U_2(f)| \ \rightleftarrows \ z_2(t)$, ist wieder eine glocken-
förmige Funktion mit den Parametern $z_2(t) \approx |U_2(f = 0)| \cdot B_H = 2 \text{ [V]}$ und
$T_H \approx 1/B_H = 0{,}5 \text{ [ms]}$.

Beispiel – Lösung

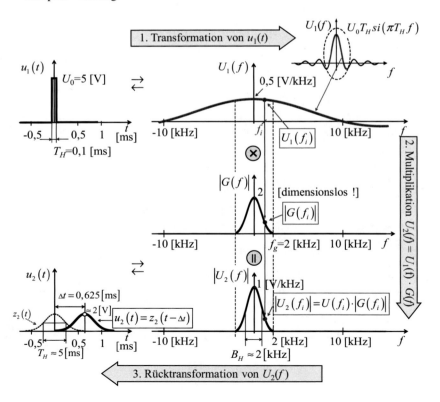

Nun müssen wir noch die **Phasenverschiebung** $\varphi(f) = -2\pi \cdot \Delta t \cdot f$ mit $\Delta t = 0{,}625$ [ms] berücksichtigen. Diese ist in unserem einfachen Beispiel glücklicherweise linear von der Frequenz abhängig, sodass wir den Verschiebungssatz anwenden können:

$$z_2(t) \; \rightleftarrows \; |U_2(f)|; \quad \text{daraus folgt } z_2(t - \Delta t) \; \rightleftarrows \; |U_2(f)| \cdot e^{-j2\pi \cdot \Delta t \cdot f}$$

Damit bekommen wir als abschließende Näherungslösung die in obiger Abbildung links unten dargestellte glockenförmige Funktion $u_2(t) = z_2(t - \Delta t)$ mit den Parametern $u_2(t = \Delta t) \approx 2$ [V] und $T_H \approx 0{,}5$ [ms].

Beachte: Das Ausgangssignal $u_2(t)$ ist bedeutend breiter als das Eingangssignal und es hat eine deutlich kleinere Amplitude und keine scharfen Kanten. Das ist dadurch bedingt, dass der Tiefpass die höheren Frequenzen des Eingangssignals unterdrückt hat und damit auch einen Großteil der Energie des Eingangssignals eliminiert hat.

Schlussbemerkung: Natürlich kann das Zusammenspiel zwischen Signalen und Systemen auch direkt im Zeitbereich berechnet werden, z. B. mithilfe der **Gewichtsfunktion** $g(t)$. Diese Gewichtsfunktion ist nichts anderes als die Fourier-Transformierte der Übertragungsfunktion $G(f) \; \rightleftarrows \; g(t)$ und es gilt:

$$u_2(t) = \int_{-\infty}^{\infty} u(\tau) \cdot g(t - \tau) d\tau = u_1(t) * g(t) \; \rightleftarrows \; U_2(f) = U_1(f) \cdot G(f)$$

Die Operation $u_1(t) * g(t)$ nennt man Faltung.

Leider kann im Rahmen dieses essentials nicht weiter auf dieses Thema eingegangen werden und wir müssen den Leser an weiterführende Literatur verweisen (z.B. Kreß und Kaufhold 2010).

Anwendung der Fourier-Transformation auf stochastische Signale

In der täglichen Praxis begegnen wir ständig Zufallsprozessen, z. B. in der Volkswirtschaft (Kursschwankungen u. ä.) und natürlich auch in der Technik, wo solche stochastischen Prozesse meist als Störungen auftreten. Aber auch solche Nutzsignale wie Sprache, Ton, Film können als stochastische Prozesse interpretiert werden.

Wir brauchen also Möglichkeiten, auch diese Prozesse (Signale) mathematisch zu beschreiben, um entsprechende Berechnungen durchführen zu können (wie z. B. in Kap. 9).

Im Zeitbereich werden stochastische Prozesse typischerweise durch **Autokorrelationsfunktionen** beschrieben, die wie folgt definiert sind:

$$\psi_{xx}(\tau) = \lim_{T \to \infty} \frac{1}{T} \int\limits_{-T/2}^{T/2} x(t) \cdot x(t + \tau) dt$$

Abb. 8.1 zeigt ein „Freihandbeispiel" für einen stochastischen Prozess und seine AKF.

Die AKF hat folgende Eigenschaften:

1. Die AKF ist immer eine gerade Funktion: $\psi_{xx}(\tau) = \psi_{xx}(-\tau)$.
2. Der Wert der AKF an der Stelle $\tau = 0$ ist gleich der mittleren Leistung m_2 des Prozesses (gemessen an einem Widerstand von 1 Ω):

$$\psi_{xx}(0) = m_2 = \overline{x^2(t)}.$$

Dabei ist $\sqrt{m_2} = x_{\text{eff}}$ der **Effektivwert** des stochastischen Prozesses.

© Springer Fachmedien Wiesbaden GmbH, ein Teil von Springer Nature 2019
J. Lange und T. Lange, *Fourier-Transformation zur Signal- und Systembeschreibung,* essentials, https://doi.org/10.1007/978-3-658-24850-5_8

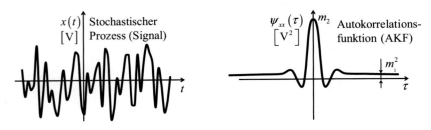

Abb. 8.1   Stochastischer Prozess und seine Autokorrelationsfunktion (AKF)

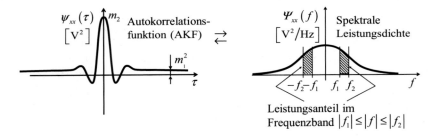

Abb. 8.2   AKF und spektrale Leistungsdichte eines stochastischen Signals

3. $\psi_{xx}(0)$ ist immer der Maximalwert der AKF: $|\psi_{xx}(\tau)| < \psi_{xx}(0)$, $|\tau| \neq 0$.
4. Der Wert der AKF für $\tau \to \infty$ ist gleich der Leistung der Gleichkomponente:

$$\psi_{xx}(\infty) = m_1^2 = \left(\overline{x(t)}\right)^2 \geq 0$$

Die Fourier-Transformierte der AKF

$$\Psi_{xx}(f) = \int\limits_{-\infty}^{+\infty} \psi_{xx}(\tau) \cdot e^{-j2\pi f \tau} d\tau; \quad \Psi_{xx}(f) \;\rightleftarrows\; \psi_{xx}(\tau)$$

wird spektrale **Leistungsdichte** genannt. Sie zeigt uns die Verteilung der Leistung des Prozesses über die Frequenzbänder (Abb. 8.2).

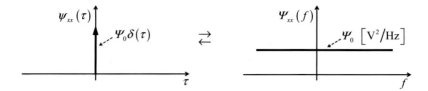

Abb. 8.3 AKF und spektrale Leistungsdichte des „weißen Rauschens"

Die spektrale Leistungsdichte hat folgende Eigenschaften:

1. Sie ist immer eine gerade Funktion: $\Psi_{xx}(f) = \Psi_{xx}(-f)$
2. Ihre Funktionswerte sind immer nicht-negativ: $\Psi_{xx}(f) \geq 0$
3. Die Fläche unter der spektralen Leistungsdichte ist gleich der mittleren Leistung des stochastischen Prozesses (vgl. Kap. 6, Eigenschaft 7):

$$\int_{-\infty}^{\infty} \Psi_{xx}(f) \cdot df = \psi_{xx}(\tau = 0) = m_2$$

Je schmaler die AKF, desto größer der Zufallscharakter des stochastischen Prozesses.

Im Extremfall des sogenannten „weißen Rauschens" nimmt die AKF die Form einer Dirac-Funktion an und die korrespondierende spektrale Leistungsdichte hat einen konstanten Wert für alle Frequenzwerte (Abb. 8.3). Dieses weiße Rauschen ist erneut eine Abstraktion, denn jede reale Störung ist bandbegrenzt, auch wenn die Grenzfrequenz sehr groß sein kann. Reale Störungen (insbesondere in der Telekommunikation) haben aber oft in einem sehr großen Frequenzband eine nahezu konstante Leistungsdichte wie das weiße Rauschen, so dass diese Abstraktion durchaus hilfreich bei der Berechnung (Modellierung) von realen Vorgängen ist (siehe z. B. Kap. 9).

Optimales Empfangsfilter (Wiener Filter)   9

Bei jeder Art von Signalübertragung werden diese Signale auf dem Übertragungs-weg durch verschiedene Störungen beeinträchtigt. Diese Störungen können dazu führen, dass Signale falsch empfangen werden.

Die Fourier-Transformation hilft uns, einen theoretischen Lösungsansatz zu entwickeln, der bei der Konstruktion realer technischer Empfangseinrichtungen hilfreich ist. Dieser Lösungsansatz ist unter dem Namen „optimales Suchfilter", „optimales Empfangsfilter" oder „Wiener Filter" bekannt.

Das optimale Suchfilter soll den Empfang von gestörten Signalen mit mini-maler Fehlerwahrscheinlichkeit sicherstellen. Wir müssen also eine solche Übertragungsfunktion für das Empfangsfilter finden, welche bei bekannter (ungestörter) Form des Nutzsignals den bestmöglichen Signalempfang garantiert.

Betrachten wir nachfolgend ein einfaches Beispiel:

In Abständen von t_0 werden Impulse (bzw. „Pausen") über ein Kabel über-tragen. Jeder Impuls repräsentiert eine logische „1", jede Pause repräsentiert eine logische „0". Das Kabel wirkt wie ein Tiefpass. Beim Durchlaufen des Kabels werden die Impulse verzögert, gedämpft und verzerrt (Abb. 9.1).

Auf das Kabel wirken ständig **Störungen** $x(t)$ ein – verursacht durch externe elektromagnetische Felder und internes thermisches Rauschen (Abb. 9.2).

Beim Übertragen einer Impulsfolge beobachtet man am Ende des Kabels also verzögerte, gedämpfte, verzerrte und **gestörte** Signale (Abb. 9.3).

Betrachten wir nun den durch den gestrichelten Kreis markierten Bereich.

In dem Zeitpunkt, indem das ungestörte Empfangssignal seinen Extremwert erreicht, wird entschieden, ob ein Impuls oder eine Pause (also eine logische „1" oder „0") empfangen wurde. Die Entscheidungsschwelle liegt gewöhnlich bei der Hälfte des Extremwertes (Abb. 9.4).

© Springer Fachmedien Wiesbaden GmbH, ein Teil von Springer Nature 2019
J. Lange und T. Lange, *Fourier-Transformation zur Signal- und Systembeschreibung,* essentials, https://doi.org/10.1007/978-3-658-24850-5_9

Abb. 9.1   Digitale Signalübertragung – schematische Darstellung

Abb. 9.2   Störung bei der
Signalübertragung

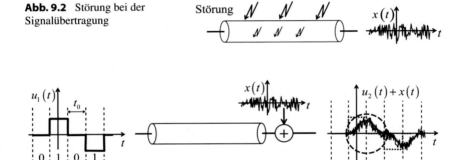

Abb. 9.3   Verzerrungen und Störungen bei der Signalübertragung

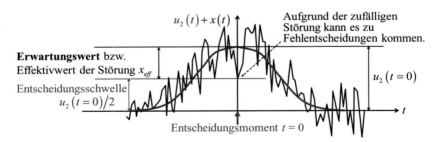

Abb. 9.4   Empfangsentscheidung – „EINS" oder „NULL"

Offensichtlich gilt folgende These: Je größer das Signal-Rausch-Verhältnis (SRV)

$$\text{SRV} = \frac{\text{Momentanwert des Nutzsignals im Abtastmoment}}{\text{Erwartungswert der Störung im Abtastmoment}(= \text{Effektivwert})} = \frac{|u_2(t=0)|}{x_{\text{eff}}},$$

desto kleiner die Wahrscheinlichkeit einer Fehlentscheidung bzw. die Wahrscheinlichkeit eines fehlerhaften Empfangs.

Hierbei ist $x_{\text{eff}} = \sqrt{\overline{x^2(t)}} = \sqrt{\int\limits_{-\infty}^{\infty} \Psi_{xx}(f) \cdot df}$.

Wir müssen also einen solchen Empfänger zu konstruieren, der das Signal-Rausch-Verhältnis am Ausgang des Empfängers maximiert (Abb. 9.5).

Das Signal-Rausch-Verhältnis ist bestimmt durch

- die Fläche unter der spektralen Amplitudendichte des Nutzsignals und
- die Quadratwurzel aus der Fläche unter der spektralen Leistungsdichte der Störung.

Wenn wir nun die spektrale Leistungsdichte der Störung im Bereich $-f_g \leq f \leq +f_g$ betrachten und des Weiteren als Störung ein weißes Rauschen mit $\Psi_{xx}(f) = \Psi_0 = \text{const.}$ annehmen (Abb. 9.6, **links**), dann ist der Effektivwert der Störung

$$x_{\text{eff}} = \sqrt{\int\limits_{-f_g}^{f_g} \Psi(f) \cdot df} = \sqrt{\Psi_0 \cdot 2f_g}$$

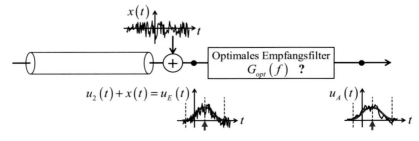

Abb. 9.5 SRV-maximierendes Empfangsfilter (Suchfilter) $G_{opt}(f)$

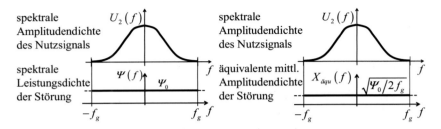

Abb. 9.6 Spektrale Dichten von Nutz- und Störsignal

und wir können eine „äquivalente mittlere Amplitudendichte" der Störung $X_{\text{äqu}}(f)$
mit

$$X_{\text{äqu}}(f) = \sqrt{\frac{\Psi_0}{2f_g}} = \text{const.}$$

definieren (Abb. 9.6, rechts), wobei sich letzterer Ausdruck aus folgender Über-
legung ergibt:

$$x_{\text{eff}} = \sqrt{\Psi_0 \cdot 2f_g} = X(f) \cdot 2f_g \;\rightarrow\; X(f) = \frac{\sqrt{\Psi_0 \cdot 2f_g}}{2f_g} = \sqrt{\frac{\Psi_0}{2f_g}} \text{ für } |f| \leq f_g.$$

Abb. 9.7 zeigt, dass der Maximalwert des (ungestörten) Nutzsignals im Entscheidungsmoment $t=0$ und der zu erwartende Wert der Störung gleich den Flächen unter den spektralen Dichten beider Signale sind.

Unterteilt man die Spektralfunktionen in Frequenzbänder, so bekommt
man für jedes i-te Frequenzband ein anteiliges Signal-Rauschverhältnis SRV_i
(Abb. 9.8).

Offensichtlich sollte also der optimale Empfänger in den Frequenzbereichen
einen großen Verstärkungsfaktor haben, in denen das anteilige SRV_i groß ist.
Andererseits sollte der Verstärkungsfaktor in den Frequenzbereichen klein sein, in
denen auch das anteilige SRV_i klein ist (Abb. 9.8).

Da die spektrale Leistungsdichte der Störung konstant ist (unabhängig von
der Frequenz), sollte folglich der frequenz**ab**hängige Übertragungsfaktor $G(f_i)$
des optimalen Empfängers **proportional zum (Betrags-)Verlauf der spektralen
Amplitudendichte** des ungestörten Empfangssignals sein (Abb. 9.9).

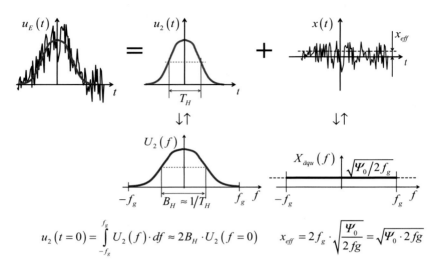

$$u_2\left(t=0\right)=\int\limits_{-f_g}^{f_g} U_2\left(f\right)\cdot df \approx 2B_H\cdot U_2\left(f=0\right)\qquad x_{eff}=2f_g\cdot\sqrt{\frac{\Psi_0}{2fg}}=\sqrt{\Psi_0\cdot 2fg}$$

Abb. 9.7 Zusammenhang zwischen Signalwerten im Entscheidungsmoment und Flächen unter den spektralen Dichten

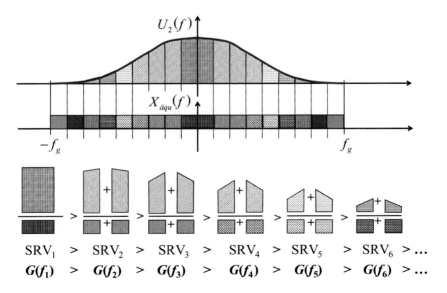

Abb. 9.8 Frequenzbandabhängige anteilige Signal-Rausch-Verhältnisse

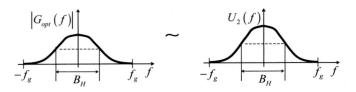

Abb. 9.9 Zusammenhang zwischen Übertragungsfunktion des optimalen Empfängers und spektraler Dichte des Nutzsignals

Mathematisch streng gilt allerdings (vgl. z. B. Kress und Kaufhold 2010)

$$G_{\text{opt}}(f) = \left| G_{\text{opt}}(f) \right| e^{-j\varphi_2(f)} = \frac{1}{\lambda} |U_2(f)| e^{-j\varphi_2(f)} \quad \text{wenn} \quad U_2(f) = |U_2(f)| e^{+j\varphi_2(f)},$$

λ − reeller Faktor mit der Maßeinh. [V/Hz]; erforderlich, da $G_{\text{opt}}(f)$ dimensionslos,

d. h. die komplexe Übertragungsfunktion des Wiener Filters ist die Komplex-konjugierte der spektralen Amplitudendichte des Nutzsignals und diesem somit optimal angepasst. Das entspricht dem Prinzip des Korrelationsempfangs, wie es z. B. im Mobilfunk bei UMTS zum Einsatz kommt.

Was Sie aus diesem *essential* mitnehmen können

In dieser Einführung in die Fourier-Transformation haben Sie

- sich daran erinnert, dass man die Winkelfunktionen Kosinus und Sinus auch als Funktionen der Zeit darstellen kann,
- anhand von Beispielen gesehen, dass man die Kosinus- und Sinusfunktionen als Bausteine für die Konstruktion nichtharmonischer periodische Funktionen verwenden kann und so ein Gefühl für die Fourier-Reihe bekommen,
- den Übergang von der Fourier-Reihe zum Fourier-Integral durch den „Trick“, die Periode einer periodischen Funktion gegen Unendlich gehen zu lassen, verstanden,
- die Fourier-Transformation von Standard-Signalen kennengelernt
- die wichtigsten Eigenschaften der Fourier-Transformation sowie eine wichtige Näherungsbeziehung für die Transformation von glockenähnlichen Signalen kennengelernt,
- die Modellierung des Zusammenspiels von Signalen und Systemen im Frequenzbereich verstanden und an einem einfachen Beispiel nachvollzogen und dabei auch gesehen, dass man das Zusammenspiel von Signalen und Systemen im Frequenzbereich durch einfache arithmetische Operationen und damit einfacher als im Zeitbereich beschreiben kann,
- eine Kurzdarstellung der Anwendung der Fourier-Transformation auf stochastische Signale kennengelernt,
- eine etwas ungewöhnliche Herleitung des Wiener Filters als optimalen Empfänger für digitale Signale kennengelernt,
- gesehen, dass man durch die Transformierung zeitlicher Abläufe in den Frequenzbereich neue Aspekte bezüglich des Verhaltens dieser Abläufe sichtbar machen kann.

© Springer Fachmedien Wiesbaden GmbH, ein Teil von Springer Nature 2019
J. Lange und T. Lange, *Fourier-Transformation zur Signal- und Systembeschreibung,* essentials, https://doi.org/10.1007/978-3-658-24850-5

Literatur

Kammeyer, K.-D. (2011). *Nachrichtenübertragung*. Wiesbaden: Vieweg+Teubner.

Kreß, D., & Kaufhold, B. (2010). *Signale und Systeme verstehen und vertiefen*. Wiesbaden: Vieweg+Teubner.

Osgood, B. (2014). *Lecture notes for EE261: The Fourier transformation and its applications*. California: Create Space Independent Publishing Platform.

Osgood, B. (2014). Lecture notes for EE261: The Fourier transformation and its applications. https://see.stanford.edu/materials/lsoftaee261/book-fall-07.pdf. Zugegriffen: 17. Sept. 2018.

Papula, L. (2018). *Mathematik für Ingenieure und Naturwissenschaftler: Bd. 1. Ein Lehr- und Arbeitsbuch für das Grundstudium*. Wiesbaden: Springer Vieweg.

Unbehauen, H. (2008). *Regelungstechnik I: Klassische Verfahren zur Analyse und Synthese linearer kontinuierlicher Regelsysteme, Fuzzy-Regelsysteme (Studium Technik)*. Wiesbaden: Vieweg+Teubner.

© Springer Fachmedien Wiesbaden GmbH, ein Teil von Springer Nature 2019   57
J. Lange und T. Lange, *Fourier-Transformation zur Signal- und Systembeschreibung*, essentials, https://doi.org/10.1007/978-3-658-24850-5

Printed in the United States
By Bookmasters